松弛感

楚樊 编著

文化发展出版社
Cultural Development Press
·北京·

图书在版编目（CIP）数据

松弛感 / 楚樊编著. —北京：文化发展出版社，2024.4

ISBN 978-7-5142-4316-1

Ⅰ.①松… Ⅱ.①楚… Ⅲ. ①人生哲学－通俗读物 Ⅳ.①B821-49

中国国家版本馆CIP数据核字（2024）第044100号

松弛感

编　　著：楚　樊

出 版 人：宋　娜　　责任印制：杨　骏
责任编辑：孙豆豆　　责任校对：岳智勇　马　瑶
特约编辑：冠　诚　　封面设计：仙　境
出版发行：文化发展出版社（北京市翠微路2号　邮编：100036）
网　　址：www.wenhuafazhan.com
经　　销：全国新华书店
印　　刷：三河市华晨印务有限公司

开　　本：880mm×1230mm　1/32
字　　数：108千字
印　　张：6.25
版　　次：2024年4月第1版
印　　次：2024年4月第1次印刷

定　　价：36.00元
I S B N：978-7-5142-4316-1

◆　如有印装质量问题，请电话联系：010-65780016

前言

人生是一个一边拥有，一边失去的过程。拥有时欣喜，失去时郁闷，这两种情绪交替在生命中出现。郁闷严重时，人就会疲惫、沮丧，最后诸多问题出现，比如，患得抑郁症、焦虑症，等等。有办法可以减少郁闷情绪出现吗？当然有，那就是让你身心充满松弛感。

所谓松弛感，指的是一种淡定的心态，一种从容的人生态度，不拧巴，不做作，遇到任何事情都镇定处之，不争不抢，不卑不亢，不慌不忙。

王阳明先生说：“身之主宰便是心。”而滋养心灵的良药就是松弛感。手中的沙子，握得越紧就漏得越快，人的心力也是 样，绷得越紧散得越快，在松弛有度的环境中，反而更强壮更蓬勃。心力强者，做事不急不躁，不忙不乱，没有什么是应付不过来的。

不够松弛，是源于对过去的执念，对当下的焦躁，对未来的奢求，总而言之，是内在不够安宁平和。松弛感能让人放下负面情绪，如愤怒、焦虑、恐惧等。学会脱离对这些情绪的执着，才能真正体验到内心的平静，从而更积极、更坦然地面对生活中的种种挑战。

活出松弛感，能舍弃对过去的执念，不让过去的错误或伤痛牵扯内心；能断绝对未来的担忧和焦虑，不让明日的阴云遮蔽今日的阳光。

《松弛感》这本书包含丰富的案例与大量拿破仑·希尔的经典名言，让大家能够从一个个生动有趣的小故事中，从一句句名人名言中，更加深刻地理解“松弛感”的意义，掌握松弛感的智慧。同时，每一节的最后，都提供一些实用的方法和技巧，帮助大家更好地活出松弛感。

“人生到处知何似，应似飞鸿踏雪泥”；“竹杖芒鞋轻胜马，谁怕？一蓑烟雨任平生”。接纳自己、心疼自己、关照自己，慢慢来，允许一切发生。

第一章　断舍离，舍去多余的杂物

做好物质的减法 / 3

告别杂物摆放堆积 / 7

拒绝成为收纳的奴隶 / 12

学会清理旧东西 / 17

为旧衣物寻找一个归宿 / 23

来一场清理工作吧 / 29

第二章　慢下来，心有欢喜万事可期

静一静，别让自己太累 / 37

学会取舍，适合的才是最好的 / 42

给自己多一点时间 / 47

别被名利场乱了阵脚 / 52

此心不动，随机而动 / 59

听一场雨落，看一朵花开 / 65
用兴趣丰富生活，点亮自己 / 70

第三章 停止内耗，突破思维认知偏差

打造极简工作环境 / 81
抱怨不如改变 / 86
心平气和，不轻易发怒 / 92
向与生俱来的拖延宣战 / 99
心态决定成败 / 104
放下焦虑，为所当为 / 109

第四章 不执着，人生没什么不可放下

不将就，不妥协，不遗憾 / 115
放下执念，放过自己 / 121
爱情很好，但你也不差 / 126
错过了就努力释怀 / 131
既然分手，那就一别两宽 / 136
爱自己，才是浪漫的开始 / 140

第五章 钝感力，玩转人际关系

朋友贵精不贵多 / 147
把时间分给靠谱的人 / 152
如何缩小朋友圈 / 157

不做别人的情绪垃圾桶 / 162
话不投机，那就少说两句 / 166

第六章 活出松弛感，成为有力量的人

放轻松，你可以不完美 / 173
心无挂碍，处处自在 / 177
与其执于成功，不如选择快乐 / 181
直面缺点，是成长的开端 / 185
允许一切发生，岁月自有馈赠 / 188

第一章

断舍离，舍去多余的杂物

随着生活节奏加快、竞争压力增大，人们的心理压力不断增加，过剩的物质追求让人们更加焦躁不安。我们总是不断地添置新物件以满足自己的需求，但随着时间的推移，这种满足感很快就会消失。与此同时，我们还会不断地比较自己和他人的物质财富，这更会让我们不知足。因此，我们需要减少对物品的过多依赖，做好物质的减法。

不要犹豫不决，不要顾东顾西，不要拖拖拉拉。

——拿破仑·希尔

做好物质的减法

马克是个活泼可爱的小男孩，他拥有许多玩具。但他仍不满足，每次出行见到自己没有的新玩具时，马克都会央求爸爸妈妈买回家。

“可是你已经有很多玩具了。”

“不嘛，我就要。”

父母有心拒绝儿子的请求，但因不忍心让他失望，便又下了单。

直到偶然的一次大扫除，马克的父母才意识到，这些玩具已经占据了房间的各个角落。

望着满屋玩具，马克的父母陷入沉思：孩子真的是非要这些玩具不可吗？

答案当然不是。

大多数时候，小马克对新玩具只有三分钟热度，过不了两天，他便兴致缺缺地将其扔到一旁。“父母的有求必应”给他带来的快乐，远比新玩具带给他的快乐要多得多。他要的是父母的关爱，但父母总是忙自己的事情，很少陪伴他，年幼的他又不知道该怎么和父母交流，所以内心一直处于紧绷状态，他只好以央求他们买玩具来证明父母对他的关爱。

意识到这一点，马克的父母马上做出改变。他们一边给予儿子更多的陪伴和关爱，一边着手清理堆积如山的玩具：先让小马克挑出他最喜欢的那一部分，然后带着其余的玩具和小马克一起去福利院，将它们送给那里的孩子们。

起初，小马克还很不情愿。但看到小朋友们开心的笑脸后，小马克很开心，因为他的玩具给其他孩子带来了温暖，这让他很有成就感。同时，父母给予他的更多的爱，也让他内心的紧绷感逐渐消失。

一定要深刻洞察物质与需求之间的深层关系，你是真的需要这些物质，还是需要物质背后承载的情感？

如果你发现，自己需要的是物质背后的情感索取，而不是真正的物质需求，那就果敢地对堆积满屋的物质做取舍吧，只有这样，你才能放下一切，真正地松弛下来。

注意，如果你真的只是需要这些物质，那你就要小心了，你的生命可能被毫无灵性和感情的物品占据，找不到生命的真谛。

倘若人生只是物质的堆积，那又有何意义？！

有时候，我们需要做减法，而不是一味地追求加法。

王先生年轻时是一位成功的生意人，拼搏多年，他积累了大量的财富。但随着年龄的增长，他开始沉迷物质，人变得越来越固执。他认为，只有金钱能让他过上幸福的生活，所以他把时间和精力都投入到工作中，挣了钱就扩大投资，以挣更多的钱。他成了一个不折不扣的工作狂，完全忽略了身体健康与精神追求，对家人更是视而不见，妻子无法忍受这种漠视，一气之下带着孩子离开了他。

随着时间的推移，王先生的财富越来越多，他成了当地的首富。他的身体健康却每况愈下，同时，孤独和寂寞占据了他的心头。每到夜深人静之际，在摆满奢侈品的豪宅里，他就像一只被困住的野兽，彷徨又孤寂。直到此时，王先生才明白，一味追求物质，并不能让人平静，更不可能带来真正的幸福。

想要突破这种困境，就要学会精简生活物品，做物质的减法。过多的物品不仅占据了生活空间，也会带来一定的精神负担。要“断”和“舍”，将无用、过时、无意义的物品清理掉。

在清理物品的时候，你会舍不得，这是人之常情。

“这是我花很多钱买到的，我的钱可不是大风刮来的！”

“这东西买来后只用了一两次，算是九九折新品。扔了太可惜。”

诸如此类的话，会反复在你大脑里拉扯。这时的你，需要马上行动起来。不要犹豫不决，不要瞻前顾后，不要拖拖拉拉。现在就去做减法，让你摆脱物质的束缚。

林清玄说：“你内心真正的快乐，是物质世界永远都给不了你的。”注重生活的品质和内在情感的体验，过简单的生活，不过分追求物质享乐。只有这样，才能更深刻体会到生命存在的意义，也才能感受到生命的美好。

▶ 活出松弛感

做好物质的减法，说起来简单，做起来也不难。想要做好物质的减法，可以采用以下几种方法：

（1）审视物品。根据自己的生活方式，确定什么是必需品和非必需品，将非必需品剔除。

（2）消除重复。检查重复的物品，例如，多余的衣服、相同的厨具、重复的文件等，只保留一个，将剩下的都舍去。

我现在很好，马上可以动手，再拖下去就完蛋了。

——拿破仑·希尔

告别杂物摆放堆积

互联网时代衍生出网购。足不出户就能购物，于是，人们以“买买买”为乐。管他有没有用，投眼缘了就下单，稍不留神，家里就被杂物堆满。

马莉家有三个大柜子，因为喜欢网购，里面塞满物品，屋里的犄角旮旯更是堆满杂物。

有一天，她和丈夫吵起来了。

马莉高声怒斥：“这屋里已经乱糟糟了，你还把橱柜里的所有东西都倒出来！”

丈夫双手提着裤腰，也很生气：“我今天穿的是西裤，应该系一条皮带，可是我怎么都找不到！”

“这么多东西，上哪儿找去？每次你都只乱翻不收拾，简直要人命！”马莉猫着腰在杂物堆里翻来翻去，最后还是气恼地摊手。

丈夫嚷嚷：“早就让你清理，该扔的就扔。你就是舍不得！这乱七八糟的日子，我真是过够了！”如果不是双手提裤，他早就气得跳脚了。

“过够了？！我早就过够了！”马莉也咬牙切齿，“离婚！马上去民政局。”

一时间，夫妻俩剑拔弩张。

表面看，这对夫妻的争吵，杂物太多是导火索。但真相是这样吗？当然不止如此。杂物堆积，导致精神紧绷，这才是问题的根源。

丈夫总是弄乱物品，却又不收拾归纳。长此以往，马莉怨念丛生，索性也破罐子破摔。夫妻俩都不收拾，屋里杂物堆积，而杂物堆积又让他们的生活变得混乱无序。长此以往，夫妻关系紧张，最终闹到离婚收场。

如果想要一个有序轻松的生活空间，家庭成员首先要断掉的是“懒惰”，比如马莉的丈夫，如果每次他找完物品后都归纳好，一切都会井然。其次还要“舍得”，比如马莉，如果她舍下对丈夫的怨念，好好和他沟通，就有希望得到一个勤快的丈夫，进而得到一个有序轻松的生活。

生活不过三两茶饭事，不要太复杂，更不要用杂物扰乱生活。

对杂物，要做到“舍”，让这些杂物离自己而去。

做“舍”之前，问一问自己：这些杂物有必要留下来吗？

有一个男孩，是一名狂热的石头收藏者。他每天都要花费大量时间去寻找新的“收藏品”，即使是普通石头，只要造型独特，他都要捡回家。

朋友劝他：“赶快停止收集吧，你的房间都放不下啦！”

“你们懂什么？这些石头于我而言，都很美。”

男孩对朋友们的话不以为然。他觉得，这些石头都有特殊价值，他一个都不想错过。

终于，在某一天，当男孩带着新捡到的石头回家时，发现房间被自己的藏品堆满，已经没有地方安置新的石头了。男孩舍不得新捡的石头，这一刻，男孩心中充满焦虑。

男孩决定扔掉一些东西。他开始清理屋内那些比较相似的石头，空间开阔了，他的心也轻松起来。

其实，男孩的经历，何尝不是我们大多数人的缩影：我们把经历的每一件事情都装在心里，无论是好的，还是坏的，甚至早晨去早餐店时老板娘善意的调侃，也会在心里反复回放。头脑里被这些杂七杂八的事情装得满满当当，整个人搞得疲惫不堪，再无多余的精力去观照更有价值和意义的人和事。

想要腾出更多精力来，就要学会清理和放空。清理杂物，是调适空间的活动；放空大脑，是调适思维的活动。两种活动都能让你通过深度的宁静状态而获得幸福感。

清理堆积的杂物，要说干就干，如果拖延下去，严重影响到你的工作和生活时，你的生命不但不能焕发新的光彩，甚至会陷入更大的焦虑中。

王经理办公室的碎纸机突然坏了。一开始，王经理对此并不在意，在他看来，碎纸机的存在可有可无，这不过是件稀松平常的小事。

但之后一段时间，因为没有碎纸机，办公室里堆积的废纸越来越多。这些杂乱的纸张堆在办公桌和书柜上，占据了许多空间，整个办公室看起来乱七八糟。

在某次签合同时，王经理甚至错带了没有处理掉的作废文件。客户见此情景，觉得他不靠谱，当即放弃了合作。

为了这次合作，王经理没日没夜地熬了三个月，没想到最后是这样一个结果。他这才意识到，堆积的废纸已经严重影响到他的工作。当天下午，他便买来了新的碎纸机。

瞧！杂物堆积不仅会影响公司形象和工作效率，严重者，甚至会给公司造成不可估量的损失。到那时，你的焦虑会用超出懒散十倍的代价来承受。

怎样才能快起来？

“我现在很好，马上可以动手，再拖下去就要完蛋了！”当你舍不得清理杂物，反复拖延时，对自己大声喊出这句话，你就会马上动手整理的。

告别杂物堆积，时刻保持环境的整洁和清爽，让心情更放松，让生活更舒适。

▶ 活出松弛感

告别杂物随意摆放堆积，是一件持续的事情，需要我们经常做。在经常做的过程中，可以采用下面的小技巧，让你的杂物清理更有效：

（1）优化储物方式。重新安排物品的储存方式，让空间更加整洁和舒适。

（2）维持整洁。完成物品的清理和整理后，需要维持它们的整洁。每天花一点时间来整理，保持干净有序，让你的家更加美丽舒适。

只要你犹豫不决，你将被淘汰出局。

——拿破仑·希尔

拒绝成为收纳的奴隶

近年来，全国各地的收纳公司，如同雨后春笋般一个个冒出来，每天都有不少客户找上门洽谈业务。显然，很多人有收纳的需求。

网络上，关于收纳的产品也多起来。收纳盒、收纳箱、收纳袋、收纳壁挂……可谓琳琅满目，有的商家甚至直接打出“收纳神器”的口号，这个噱头还真是唬人，点击进去可以看到，几乎每一款“收纳神器”的销量都很可观。不知不觉中，我们已经成了收纳的奴隶。

有位名人说了这样一句话：“整理不是为了整理，而是为了让你的生活更美好！”收纳是整理，初衷当然是为了生活更美好。然而，当我们成为收纳的奴隶时，每时每刻我们都在为准备收纳而内耗情绪，我们的生活还有美好可言吗？

有一位老人，他家的藏书多达上万册，很多书都有两三套，甚至有的多达四五套。为了收纳这些书，他在书房搁置很多书架，将屋子挤得满满当当。他将书整齐地码在书架上，放不下的，便都整齐地堆放在地上。虽然码放整齐，但因为多，屋子里仍然插不下脚。

他每年都会将图书整理一番，即使年老体弱，即使累得气喘吁吁，他也坚持这项工作。

后来，他又开辟出一间屋子来安放书架，将地上码放的书都搬上书架。

收纳是指将家庭或办公室中的物品整理归纳、分类、储存、摆放的过程，使空间更加整洁、有序，方便使用和管理。在这一点上，老人做到了极致。

然而，收纳还有另一重含义：提高生活和工作的效率。然而过度繁重的收纳，可以帮助老人提高生活和工作的效率吗？

有人问他："这些书你多久看一次？"

"大多只看一次。有的我买了来，却从未看过。"看着书架上很多还没拆封却已经发旧的书，老人摇头叹息。

老人的态度说明，**极致的收纳并不能提高生活质量。**

很显然，老人是当之无愧的收纳达人。然而，他也是收纳的奴隶！

虽然说，书到用时方恨少，但也不必两三套、四五套的收藏。老人之所以不舍得将多的书“舍”出去，是因为他把图书看成收纳的主角。事实上，在收纳中，真正的主角是他自己！

这些书因他而聚，他需要这些书的理由，不过有两点：一、他要看；二、他要收藏。无论是看，还是收藏，有一套即可。多出去的第三套、第四套、第五套……于他而言，就是无用的物品。

但老人不懂的是，他将这些无用的物品留在身边，反复收纳整理，日复一日，年复一年。他成了这些图书的保管员，成了收纳的奴隶，而不是图书的阅读者和收藏者。

有人问老人：“您为什么不把这些书送出去？”

老人顿时面色紧张，连连摇头道：“这怎么可以送出去呢？我从小就喜欢书，但我年轻时家境贫寒，很难买得起一本书。现在这些书都是我的宝贝，我怎么可能把它们送出去？”

因为过度收纳，最终成为收纳的奴隶，归根结底在于匮乏感。年轻时的匮乏导致老人内心对书的渴望已经存在几十年，即使图书多到让他成为收纳的奴隶，他也难以松弛下来了。

仔细想想，在我们绞尽脑汁收纳的物品中，可有一些不使用却又不愿舍出去的物品？！观照内心，看看这些物品有多少是因为内心的匮乏感而存在的。想要避免成为收纳的奴隶，就要清除内心的匮乏感，好好安抚内在的自己。

一个姑娘走进家具店，店老板问她买什么。

她对店老板说："最近我在家整理东西，发现我有好多旧衣服和鞋子都不穿了，但还是舍不得丢掉。"

店老板说："那你可以捐给慈善机构或者二手店啊。"

姑娘回答说："可是这些衣服和鞋子还挺贵，都是我小时候做梦都买不起的衣物，不舍得就这样送人。我打算来买一个更大的衣柜收纳它们。"

姑娘在收纳过程中，没有好好安抚内在的自己，不愿意"舍"，所以她不得不再买一个衣柜，以增加更多的储存空间来容纳它们。如果她安抚好内在那个有着匮乏感的自己，就知道如何减少自己拥有的物品数量，她才会明白，这个衣柜本没必要买。

想要生活变得轻松，一定要舍！在收纳过程中，首先安顿好内在的自己，然后再仔细衡量每一件物品，现在和以后，我们还会不会用它？如果不用了，无论新旧贵贱，都要"舍"出去。要么送给能把它派上用场的人，让它继续发挥光和热，要么折旧卖钱。

▶ 活出松弛感

不想成为收纳的奴隶，就要从思想和行动上双管齐下，可以采用以下几种方法：

（1）拒绝无用物品。经常检查自己的物品，把那些不再需要的物品捐赠或卖掉。

（2）停止囤积。不要因为它们便宜或者有折扣就买下来。要根据自己的需求和实际情况来购买物品，避免囤积过多的物品。

只是幻想，是不可能成功的；唯有下定决心，并积极采取行动，才能得到你所要追求的东西。

——拿破仑·希尔

学会清理旧东西

阿信一家又搬家了。他母亲最开心，因为这次有一个大大的厨房，可以放她所有的锅具。之前的厨房小，她只能将锅具放在楼下的储物室里。

母亲整理厨房时，阿信站在旁边看。只见那些锅具密密麻麻摆在地上，母亲置身其中，差点被它们湮没。有双耳锅、铁锅、炖锅、铝饼铛、电饭锅、不粘锅、空气炸锅、蒸锅、火锅……

锅具之多，把阿信看得眼花缭乱。

尽管锅具已经把宽敞的厨房塞得狭窄逼仄，可母亲依然舍不得扔掉，她向阿信介绍每口锅的历史。

“这是我和你爸爸刚结婚时买的第一口锅。”

“这铝饼铛是 20 世纪 90 年代最时髦的锅，为了铸这口锅，还专门去铝厂买了二斤铝。”

“这是从国外花高价买来的电饭锅，据说它做出来的米饭最有营养价值。”

妈妈说得津津有味，但阿信望着插不下脚的厨房，只感到窒息，他的心有些烦躁。

你的家中是否也像阿信家一样堆满旧物呢？或许是一件老式收音机，或者是一台已经退役的电视机，还有可能是一些旧书、旧衣服……这些旧物已经不再使用，但它们却承载着我们的记忆，每当看到它们，就又能重温那些美好的时光。

这种情感的承载，并不能掩盖旧物的无用。

它们不但占据了空间，还会带来很多额外的工作。旧物需要保养，需要清洁，需要存放，这些都耗费我们的时间和精力。而且随着时间的推移，我们会发现，家里越来越乱，越来越拥挤。

这种乱和拥挤，正在夺去我们的空间和能量，让我们心有挂碍，从而变得烦躁不安。要想让生活更简单，心情更轻松和自由，就必须清理。

工作这些年来，周先生一直使用着刚入职那年添置的笔记本电脑。虽然这台电脑已经老旧不堪，但周先生一直不忍心扔掉它，因为这台电脑中存储着大量的工作文件，如果换电脑，势必要将文件全部挪到新电脑上，那工作量可不小。

而且这台电脑帮周先生完成了很多重要的任务，陪他度过很多艰难的时刻。他觉得，这台电脑就像一个老朋友，谁能丢弃老朋友呢?

然而，最近周先生的工作需要频繁使用大型软件，无论他对旧电脑有多深的感情，它也无法胜任这项任务。周先生常常幻想，倘若自己手里是一台新电脑，该是什么样子？工作起来一定效率奇高！但他也仅限于幻想中，因为一想到要换电脑，他就舍不得。

不过，旧电脑实在是太慢了。这天，领导要周先生汇报工作进度，他仅开机就要五分钟。老板很是不悦，话里话外都在警告他："这样可不行！"领导的话让周先生紧张起来，身为职场人，工作要紧，纵使有百般不舍，周先生还是买了一台新电脑。

他很快就发现，这台新电脑比旧电脑更快、更稳定、更强大，能更好地帮他完成工作。

周先生大梦初醒："电脑只是一种工具，它的价值在于能为我们提供什么帮助。如果这台电脑已经无法胜任工作，那么它就已经失去了价值。"

意识到这一点后，周先生将旧电脑上的文件转移到新电脑上，然后迅速将旧电脑处理掉了。

只是幻想，是不可能成功的，唯有下定决心，并积极采取行动，才能得到你所要追求的东西。拿破仑·希尔这句励志名言用在清理旧东西上，也是非常适用的。

在我们的生活中，那些没有价值却不舍得丢弃的东西，可能是一些旧衣服、旧书籍、旧玩具，很陈旧，也没有什么实际用途，恰如周先生的旧电脑，但我们却因为某些情感因素而不舍得丢弃它们。

然而，我们也清醒地认识到，这些东西早已失去了它们的价值。如果我们一直让这些东西占据着我们的空间和生活，反而会给我们带来负面影响。

有一位老奶奶，家里堆满了各种各样的旧东西，从老式的收音机到她年轻时的手工艺品，再到她孙子小时候的玩具，这些不起眼的旧东西都被她视为珍宝。

尽管儿女劝她清理掉，老奶奶却坚决不同意。她说："这些旧东西虽然已经过时，但它们都有故事和回忆，是我的宝贵财富。每当看到这些物品，我都会想起旧时光。"

老奶奶的言语之间，充满感慨和怀念。见劝不动老奶奶，她的子女也只好作罢。

有一次，老奶奶的孙子来看望她，不小心被缺了一口的瓷花瓶划伤，血流不止。惊慌失措的一家人，赶紧给孩子清理伤口包扎。

此时，老奶奶突然意识到，这些旧东西远没有孩子的安全更重要。

第二天，老奶奶便请来一位整理师，帮她整理家里的旧东西。在整理的过程中，老奶奶终于明白，她的回忆并不在那些物品里，而是在她的心里。

在这个拥挤的世界里，我们总是被旧物包围着。旧书、旧电器，它们像一座座历史的城堡，让我们恋恋不舍。然而，生命是一条奔腾往前永不复返的河流，我们只有不断清理旧物，放下过去，为新的事物留出空间，才能更好地拥抱未来。

▶ 活出松弛感

清理旧东西并不容易，它需要我们不断地思考和决策。我们要问自己，这个物品是否还有用？它是否值得我们继续保存？

怎样做好这个工作呢？可以遵循以下三大要点：

（1）列出清单。然后根据清单制订一个清理计划。这样可以让你更加有条理地处理旧东西，避免出现杂乱无章的情况。

（2）分类整理。在清理旧东西时，需要根据它们的类别选择适当的处理方式。例如，可使用的旧电子产品可以卖给二手电子产品店，或者捐赠给贫困学校或其他社会组织。破损的旧家具，可以找到家具修理店或者木工来修理它们，让它们重新焕发出“生命力”。

（3）坚持清理。清理旧东西不是一次性任务，而是一个持续的过程。需要坚持定期清理旧东西，避免让它们堆积在家里。

“你自己的木材要自己砍，你自己的水要你自己来挑，你生命中的主要目标要由你自己来塑造，立刻行动吧！

——拿破仑·希尔

为旧衣物寻找一个归宿

小刘高中毕业了。他妈妈将他的校服清洗干净后，整齐地码在衣柜里，嘴里还嘟囔着：“又该买衣柜啦，这个衣柜已经塞不下了。”

小刘好奇地探头看，这一看把他吓一跳。衣柜里全都是他的校服，幼儿园的、小学的、初中的、高中的。少则五六套，多则十几套。它们整齐地码在衣柜里，将一个两米高的衣柜塞得满满当当。

小刘不解地问：“这些衣服我都不会再穿了，留着它们做什么？”

妈妈回答："傻孩子，你看到的是旧衣服，可我看到的都是你成长的轨迹啊！"

相信很多人都有这样的经历：每当清理家里的衣柜时，总会发现一些旧衣物，有的已经很久不穿了，有的甚至永远也穿不上了。这时的我们，需要思考一个问题：这些旧衣物到底有没有存在的必要呢？

你或许会回答：我存放的，表面上是旧衣服，本质上是我们的记忆。

诚然，旧衣物可以成为我们回忆过去的纪念品。因为每一件衣服都见证了我们的成长和变化，是我们成长历程的见证者，留下它们，可以让我们清晰地回忆起过去的点点滴滴。

然而，你有没有意识到，这种"以衣为证"的背后，其实是一种"实我""实法"的执见，将我们困在时光流逝的执着里。

关于衣物实法的执见，几乎无所不在。因为穿衣打扮是我们生活中不可或缺的一部分，需要持续地购入。随着时间的推移，我们的衣柜中，就会积攒大批衣物，舍，还是不舍，这是个纠结的问题。

林小姐是时尚达人，她热衷于买各种流行的漂亮衣服。每当流行趋势转变时，她的衣柜里总会多出许多旧衣服。正所谓时尚是个圈儿，在她看来，即便这些衣服眼下不再流行，但总有一天会再次回归潮流。于是她便将这些衣服一股脑地挂在衣柜中，堆在收纳箱里。长此以往，她的衣柜中堆满了各种颜色、各种款式的旧衣服。

因为衣服多，她经常需要花很长时间挑选衣服；但因为衣服旧，所以每次她都觉得自己没有什么称心的衣服可穿。

有一天，林小姐要去参加一场盛大的派对。提前好几天，她就翻腾衣服。可翻遍了整个衣柜，她被折腾得精疲力尽，还是没能找出一套自己心仪的衣服来。

看着累得瘫倒在沙发上的林小姐，好友忍不住摇头："我一直以为换衣服是一件心情愉悦的、让人放松的事情，怎么到你这里就变成疲惫的体力活了！你咋这么多旧衣服？"

"我舍不得处理，万一下次款式又轮回来了呢，不就又是新款时装嘛。"

"即使款式又轮转回来，可布料也旧了呀。到那时，你真的会穿吗？"

好友的话，让林小姐垂头沉思起来。

接下来，林小姐将许久不穿的旧衣服收拾打包，只留下最近常穿的。这样一来，林小姐的衣柜整洁了许多，也让她更容易找到自己喜欢的衣服。她的时间和精力，终于再也不用耗在"到底要穿哪一件衣服"的问题上了。

你自己的木材要你自己来砍，你自己的水要你自己来挑，你生命中的主要目标要由你自己来塑造，你自己的衣柜要你自己来清理!

那么，我们如何才能又快又好地清理旧衣物，让衣柜重新变得井井有条呢?

首先，我们可以将这些衣物捐赠给慈善机构。这些机构会将你的衣物送到需要帮助的人手中，让他们感受到温暖。在此过程中，你也通过捐赠衣物回馈了社会，为弱势群体做出了一份贡献。

有个女孩在清理衣柜时，发现自己有很多不再穿的旧衣服。再三考虑后，女孩决定将这些衣物捐赠给当地的慈善机构。没过多久，这些衣物就被送到需要帮助的人手中。

一个月后，女孩收到了一封感谢信。

信里说："美丽的小姐姐，你好！我是一个从未走出大山的小姑娘，是你的衣服帮我抵御寒冷，同时，我也才知道，衣服原来可以让人这么时尚。谢谢你。我以后想做一个服装设计师，我要设计最时尚的衣服送给你。"

女孩看完这封信后，感触颇深，她觉得，自己清理衣物的举动太正确了，这些衣物去了能再次产生价值的地方，而不是留在她的衣柜里发霉。

旧衣服是一个时光的印记，承载着我们过去的回忆，它们穿过岁月的沧桑，依旧能使我们的生命美丽，温暖我们的心房。但这并不是我们执意把它们留下来的最佳理由。这时的旧衣服，不再只是过去的回忆，它们也迎来了新的开始。

清理旧衣物的方法，除了捐赠，还可以转卖。

在二手市场上，很多人都在寻找质量好、价格合理的衣物。将不再穿的衣物卖出，不仅能腾出衣柜空间，还能为自己赚取一些额外的收入。

总之，对于那些不再使用的衣物，寻找一个新的归宿是很有必要的。通过捐赠、转卖等方式，我们可以让这些衣物继续发挥它们的价值，同时也能让我们的空间更有序，让我们的生活更有品质，让我们的心灵更愉悦。

▶ 活出松弛感

如果你不是收纳达人，看到塞得满满当当的衣柜，一定很头疼。收纳衣柜是有技巧的，跟着以下的几个步骤，你就能学会怎样有效地整理衣柜。

（1）清空衣柜。把所有衣物都取出来，清理衣柜内部和外部，包括抽屉和衣架。

（2）分类整理。把衣物分成三类：保留、捐赠和丢弃。对于长期没有穿过的衣物，可以考虑捐赠或丢弃。

（3）衣物存储。把保留的衣物按照季节、颜色和种类进行分类，并放回衣柜。可以使用衣架、抽屉和收纳箱等工具来整理和储存衣物。

（4）精简购物。购买新衣物时，考虑是否真正需要，避免重复购买或购买不合适的衣物。同时，可以选择高质量、耐穿的衣物，减少资源浪费。

坚定的决心是别的东西无法代替的。

——拿破仑·希尔

来一场清理工作吧

有人说，及时清理杂物，轻装上阵，是让人生不疲惫不焦虑的初级目标。言下之意，清理物品是一件简单的事情。

然而，当物品占据你的所有空间，甚至成为你房间的主人，让你无从立足，你却依然意识不到自己已成为物品的附属品时，你会发现，这个初级目标不简单。

某平台上有一个宝妈，经常发一些日常生活的短视频。从视频里可以看到，她家客厅堆满杂物，有孩子的学步车，有孩子的衣物，孩子的玩具更是摊在地板上。客厅很大，但空余地方只有狭窄的通道，仿佛几条独步小径，从沙发通往各个房间。

她给孩子找衣物时，往往翻腾半天也不一定能找出来，所以孩子经常穿得邋里邋遢。脚下的玩具又时不时地将她和孩子绊住，真是步步惊心。她和家人就这样被物品排斥在房间之外，她也被搞得疲惫不堪。即使这样，她的说辞依然是："这些东西都有用，一件都不能扔。"

很多网友留言说，她带孩子太辛苦了，要给她寄一些衣物或奶粉去。但事实上，她最需要的，不是增添物品，而是马上来一场清理工作，先完成物品清理这个初级目标。只有把杂物清理了，拥有一个干净整洁的环境，房间真正为她和家人所用而不是为物品所用，她的疲惫感才会消散。

懂得了杂物清理的逻辑，不足以让你拥有一个干净整洁的环境。你还要明白，**督促你清理杂物的力量源自：坚定的决心。**

从小到大，小李很少收拾房间，他的卧室总是一团乱，衣服随意堆放，书本玩具散落一地。他的妈妈每次看到都会不停地叹气，但是小李从来不当回事。

进入大学后，小李的陋习并未改变。他的床位依旧是一片混乱，书本随意摊在桌面，脏衣服堆满座椅。室友们无法忍受，多次对小李提起这件事，小李却都充耳不闻，一时间，宿舍氛围异常紧张。

终于，在一次卫生检查中，因为小李的床位太乱，小李所在的寝室被通报了。小李这才后知后觉地发现，自己的坏习惯已经连累到室友。对此颇为愧疚的小李，当即将整理宿舍提上了日程。

“坚定的决心是别的东西无法代替的！”尽管小李懒散惯了，但当他下定决心，便一改往昔懒散的作风，用两天时间对自己的生活和学习环境进行一次全面的检查。他将所有的物品分类整理，丢掉了那些不常用的东西，又为剩下的东西找到各自的归属地，衣服放在衣柜里、书本放在书架上……很快，小李便将乱糟糟的床位与书柜收拾得整整齐齐。

一番整理下来，宿舍变得整洁了许多，室友们也不再抱怨了，舍友之间的关系也变得亲密了许多。

不仅宿舍如此，办公室和家里，也是一样。想象一下，当你需要找出某个文件时，找了半天也找不到，这时候你的工作效率就会大打折扣。而当你需要休息时，却无法在一个干净整洁的环境中放松自己，这时候你的生活品质也会受到影响。

如果我们不爱收拾房间，不仅会像那个宝妈那样，让自己的生活陷入一片混沌，也会像小李一样，影响到我们的朋友和家人。

或许有人会说：“别站着说话不腰疼了。我是职场白领，不像全职妈妈和学生那样有时间。每天回到家已经累得精疲力尽，哪里还有精力来清理？”

但是，一个脏乱不堪的环境，充斥着压抑和负能量，怎么可能让人放松？！只会让人持续地疲倦罢了。所以，清理还是要做的。如果没有时间，那就雇用专业的人吧。

Amy是一名职场女性，每天需要应对繁重的工作任务，但回到家后，她还需要做家里的清理工作。众所周知，家务活是一个非常繁琐的任务，对于忙碌的职场女性来说，这件事相当耗费时间和精力。为了保持家庭环境的整洁，每周的周六，Amy都会请家政公司的人来打扫卫生。

家政公司的服务很好，打扫非常彻底。每次打扫完毕，房间都会焕然一新，充满生机，Amy感到非常舒适和放松。而且，不再需要为家务琐事烦心的她，可以享受更多的自由时间，也有精力去提升自己的能力。她只会越来越优秀，越来越快乐。

▶ 活出松弛感

做家庭清理工作，不是一件简单的事情，需要仔细规划，按照具体来操作，才能成功地进行一场行之有效的清理工作。

（1）准备。制订清理计划，准备好所需的工具和材料，确定清理的范围和重点区域，以便更有针对性地进行清理。

（2）分类。将物品分类，分为需要保留的和需要丢弃或捐赠的。整理保留的物品，使其更加有序，并为其创造更好的存储空间。

（3）清理。按照计划，逐一清理各个区域，包括地板、墙壁、家具等。清除所有灰尘、污垢与杂物，让房间更加整洁。

（4）保持。每天进行简单的维护和清理，以避免房间再次陷入杂乱无章的境地。建立良好的清洁习惯，使房间始终保持整洁。

慢下来，心有欢喜万事可期

你是不是总在赶时间？仿佛今天就是生命的最后一天。其实不必如此着急，当你紧赶慢赶，就来不及看身边美丽的风景。停下来，静下心，别被外界的喧嚣干扰，忽略了自己内心的声音。放慢脚步，断掉那些不好的行为，舍去不好的习惯，远离匆忙的生活方式，别让它们蒙住你心里的明珠，让你的心一片漆黑。一杯暖茶，一本闲书，生活，本该这样不急不缓。

留出一天的时间，用于思考、构筑和祈求你的梦想。

——拿破仑·希尔

静一静，别让自己太累

有一幅对联说：“宠辱不惊，看庭前花开花落；去留无意，望天空云卷云舒。”

在这个快节奏的社会中，我们总是被各种事情压得喘不过气来。工作、学习、家庭、社交……我们从一个场合奔波到另一个场合，疲倦到令人无法忍受，却又不得不坚持下去。

但是，这样快节奏的生活，真的是我们想要的么？我们是否应该给自己一个缓冲时间呢？留出一天的时间，用于思考、构筑和祈求你的梦想。哪怕什么都不想，只是闲坐庭前看花朵盛开，仰望苍穹看云朵飘移，就能让心灵得到放松和宁静。

在忙碌的日子里，我们常常神思倦怠、身体疲惫，这时候，我们就需要慢下来，放松一下。等我们调整好身心，才能更好地应对各种挑战。

然而，很多人却只顾着忙碌，根本忘了自己是肉体凡胎，也需要放松一下。

大学毕业后，惠惠进了一家推行 996 工作制的某家互联网大厂。朝九晚九，有时甚至需要加班到凌晨，这是该大厂的日常。为了跟上这种高强度的工作节奏，惠惠几乎把所有时间都奉献给了公司。

堆积如山的工作让惠惠忽略了身体健康，每天饮食不规律不说，熬夜加班更是常事，即便偶感不适，惠惠也没有将身体的小小抗议放在心上。

直到某天，又一次加班到深夜后，从工位上站起的惠惠头晕眼花，一头栽倒在地上。

正在加班的同事连忙把她送往医院，诊断结果是严重的贫血和营养不良。医生告诉她，长时间不健康的生活习惯和工作压力，导致她的身体长期处于亚健康状态从而发病。

惠惠被这突如其来的打击吓到了，她这才意识到，人活着，身体健康才是最重要的，没有健康，工作再优秀也毫无意义。

她开始改变自己的生活习惯，每天规律作息，坚持锻炼身体，注重饮食营养。同时，她也重新审视了自己的职业规划和人生价值观，不再以牺牲自己的身体健康为代价。

经过半年的调整，惠惠的身体终于恢复到健康状态。

工作是生命的一部分，生而为人，几乎没有谁能绕开工作去生活。不能避开工作，自然也就不能避开工作中的压力。我们要做的，是学会如何处理这些压力，别让它们将我们压垮。如果被压垮，那么我们的一切努力都会如海上的泡沫，看似闪着绚丽的光芒，其实一触即碎。

处理工作压力的重要一环，就是慢和静。先慢下来，关照好自己的身体，再静下来，让自己的心灵轻盈。

这样的你，才能被生活注入蓬勃的活力，才能有精力去从容应对工作中的种种挑战。

小江在一家外贸公司的销售部任职，一直做得很好，深得领导赏识。

一次，小江接待了一位欧洲客户，并签了一批订单。但因为市场需求，产品各项参数变动很大，生产出的样品达不到认证标准。认证始终无法完成，项目进展缓慢，客户开始质疑小江的公司是否有能力完成这个项目，老板担心跑单，于是催得越发紧促。作为项目负责人，小江每天都在加班加点地工作，却依然无法达到预期进度，一时间，她压力倍增。

眼瞧着小江疲惫不堪，憔悴，江妈妈担心极了。她决定帮女儿舒缓压力，于是在一个周末，她拉着女儿去了一家温泉度假村。

小江泡在温泉里，闭上眼睛，静静感受水的温度，这一刻，她的心情安稳了许多，也终于能冷静地思考解决问题的方法。

回到公司后，小江找到生产车间的负责人，经过多番沟通，重新设计出来的产品成功地通过了认证。客户非常满意，公司得到了良好的口碑，老板也对小江好一顿夸赞。

《大学》里说："静而后能安，安而后能虑，虑而后能得。"当一个人内心安稳时，看待问题就会变得客观且理智。

在今天智能时代，人们都以效率为王，想要一份"静"谈何容易。殊不知，应对挑战，不仅要效率和毅力，更需要静，唯有心静，我们才能更清晰地思考问题，找到更优的解决方案。

生活需要做加法，也需要做减法。累时歇一歇，随清风深吸浅呼，让花香充盈四肢百骸；烦时静一静，随白云变幻冥想，将烦恼从心中清除一空。

▶活出松弛感

忙碌的生活与工作，很容易让人沮丧和疲倦，这时需要静下来，让自己放松。如何让自己静下心来，以下技巧可以帮到你。

（1）做冥想。在每天的早晨或晚上，找一个安静的地方，坐下来，闭上眼睛，专注于呼吸，让自己的思维变得清晰和放松。

（2）去自然环境中散步。走进自然环境，感受大自然的美丽，呼吸新鲜空气，让自己的心灵得到放松和愉悦。

妥善运用你“渴望进步的需求”，往往会产生惊人的力量。

——拿破仑·希尔

学会取舍，适合的才是最好的

拿破仑·希尔曾经讲起一件和他儿子的趣事。

他的儿子养了一条狗，名叫“花生”，是一条活泼可爱的小狗，也是他儿子的开心果。为了让花生住得更舒服一些，儿子提议给它做一个狗屋，希尔当即答应下来。但因父子俩手艺太差，狗屋做得简单又丑陋。

过了些天，希尔的朋友来家里做客，看到那个狗屋，哑然失笑：“花生这么可爱，你们竟然让它住在如此没有美感的狗屋里，这也太委屈它了。”

朋友第二天就给希尔家送来一个精致又豪华的狗屋，有厨房、卫生间，还有客厅，堪称狗屋中的别墅。

然而，无论朋友和希尔怎么引导，花生就是不去别墅里居住，它喜欢窝在希尔父子俩做的简陋的狗屋里。后来，它甚至把那个别墅咬坏了。

希尔担心朋友生气。谁知朋友却叹息道：“一只狗都知道适合的才是最好的。”

“适合的才是最好的。”这也是一个人拥有大智慧的特征之一，因为有了这份智慧，便会寻找适合自己的道路，而不是跟在别人背后亦步亦趋。

每个人的一生中，都会面临无数取舍，这些抉择可以是微不足道的。比如，午后要不要喝一杯咖啡，吃一块小蛋糕；也可以是重大的，比如，要选择哪个专业，从事何种工作。可以说，我们的生活就是由这些取舍构成的。

在这些取舍中，日常购物消费的取舍最为常见。如果不学会取舍，我们就会掉进“既浪费金钱，还浪费时间和精力”的怪圈。

张先生家的沙发用了好多年，已经破旧不堪。夫妻俩一合计，决定买一套新沙发。

在家具城中，张先生看中了一套又大又漂亮的组合沙发。尽管沙发价格不菲，但一想到摆在客厅里很体面，张先生就觉得物有所值。

然而，张先生的妻子不这样认为，她觉得这套沙发太大了，放在客厅里，会占用太多的空间。

尽管妻子百般阻拦，张先生还是执意要买。

一旁的销售人员自然希望这套昂贵沙发出售，于是插嘴说："先生真有眼光，这套沙发高档又大气，特别上档次，很多富商都买回去摆放在客厅里，非常体面。"销售人员舌灿如花，极力推销，将这套沙发的好处吹上了天，张先生听后，虚荣心更甚，最终不顾妻子的反对，将这套沙发买了回去。

可当新沙发摆放到客厅里时，张先生才发现，妻子的观点是对的。沙发实在太大了，客厅里的空间完全被占用，导致原本宽敞的空间非常逼仄，看着碍眼不说，在路过沙发时还经常撞腿。谁被撞了腿都会忍不住抱怨几句，这使张先生很生气，家里气氛也变得紧张起来。没过多久，忍无可忍的张先生就将这套沙发卖到了二手市场。

明知道宽大的沙发不适合放在自家客厅，只因为体面和喜欢，再加之虚荣心作祟，就要买回家。这就是"不适合的念"，只有舍去这个念，才不会犯下"买了新沙发又不得不卖掉"的错误。

在做选择时，一定要理性，根据自己的需求和实用性，选择合适的，只有这样才能心生欢喜且持续不断。一味地按照自己的心意做感性选择，或许会获得短暂的快乐，但这份快乐不会长久，一旦理性回笼，就是烦恼生起之时。

要做适合自己的选择，还要注意一点：要坚持自己的原则，别坠入"糖衣炮弹"的陷阱。

女孩马上就要出门旅行了，在旅行前几天，她来到商场，打算买一双新鞋子。

鞋店里，有两双鞋子女孩很喜欢，一双鞋子昂贵漂亮，但因为版型问题有些磨脚，另一双款式普普通通，穿着却很舒服。是选择喜欢，还是选择舒服，女孩难以抉择，摇摆不定。

见她迟迟未做出决定，售货员开始大谈特谈第一双鞋子的精致漂亮。在售货员强烈的推荐下，女孩不由自主地选择了那双昂贵漂亮但不舒服的鞋子。

旅行那天，女孩穿着新鞋子高高兴兴地出门了，可是，仅两个小时，她的脚就被新鞋磨起了泡，泡越来越大，脚越来越痛，她每走一步都像是在刀尖上跳舞。寸步难行的女孩，只好重新买了一双低廉却更舒服的鞋子。此时，女孩认识到一个道理：时尚固然会让人更加自信，但舒适才是最重要的。

▶ 活出松弛感

大家都知道学会取舍，却很少有人懂得“适合”的标准和界限。如何在取舍之间，选择最适合自己的东西呢？

（1）确定优先事项。在做出选择前，先考虑自己最重要的需求是什么，将重点放在自己的需求上。

（2）考虑长期利益。不要只看眼前的得失，要考虑长远的利益，权衡利弊，选择最适合自己的产品。

（3）质高价优为重。商品的品质直接关系到商品的使用体验和使用寿命，在购物时，尽可能在预算内选择质量更好的商品。

实干家把他们的休闲时间运用在一些实际的活动上，诸如和配偶浪漫一下，陪同子女欢笑、放松自己、和朋友一起运动、自我教育等等。

——拿破仑·希尔

给自己多一点时间

体重一百六十斤的小姑娘，急于减肥，立誓要在三个月内瘦到 100 斤。

为了实现这个目标，她报名了减肥训练营。教练给她排好课程，可她为了实现三个月瘦下来的目标，便在教练排课的基础上，自己偷偷加码。每天，教练给她训练完后，她又回到跑步机上跑起来。

她本以为，这样就能迅速瘦下来。谁知，才进到训练营的第三天，她就犯了病。训练营的工作人员将她及时送进医院，她才脱离危险。

医生听说她的训练强度后，直咂舌，说："姑娘，你不要命啦？别着急，给自己多一点时间。"

任何事物太过急迫，都会招来灾祸。比如，小姑娘急于减肥成功，完全不顾身体的健康，这样做是自残。

何必着急，天又塌不下来！

给自己多一点时间，去用心体验自己的感觉，留意自己的悲伤和恐惧，承认自己的不完美，给自己多一些宽容，这不是软弱，而是一种力量的表现。

给自己多一点时间，就意味着要断去那些让自己急迫前行的执念，舍去那些让自己短时间变得更好的想法。在这个过程中，你会因为无法在短时间内实现这些执念和想法而焦虑。这时，你要告诉自己："别担心，别着急，这一切都是为了成就更好的自己。"

方先生在一家大型公司工作已经有两年了。这两年里，他每天都要早早起床赶地铁去上班，经常加班到深夜才回家，完全没有时间去做自己喜欢的事情。他曾经喜欢看书、听音乐、旅行，但现在，他每天都非常疲惫，就连周末也难以好好休息，长此以往，他的工作效率也极其低下，丝毫感受不到生活的趣味。

直到有一天，站在地铁口的他，脑子里突然蹦出"跳下去就解脱了"的念头，方先生这才蓦然警觉，他在承受生活，而不是享受生活，他需要给自己多一点时间休息放松。

当一个人一旦意识到这一点，莫犹豫，马上行动起来。因为对于把工作视为人生重点的职场人，“给自己多一点时间”这件事情，看起来很简单，但真正要执行起来却非常难。

方先生开始调整自己的生活方式：

他放弃晚归的工作习惯，下午到点就离开公司，他把时间用在路上，看一看人群的笑脸，闻一闻花朵的芬芳，让这些美好的事物涤荡他工作一天的疲劳。周末他推掉不必要的应酬，留出时间去做自己喜欢的事情，他重新捡起了自己的爱好，看一本书，听一首音乐……他发现，给自己多一些时间后，生活变得更充实有趣。

方先生没有因为工作时间少而延误工作。享受生活的他，每天带着愉悦的心情去上班，工作效率也大大提高，绩效反而比之前好了很多。

要明白，一个人，只有放松下来，才能找到真正的自己，也才能挖掘更大的潜力。

但在有些特殊场景下，我们是无法让脚步慢下来休息的。这时候该怎么办呢?

著名的战地记者西华·莱德先生，在第二次世界大战中去战场采访。半路上，由于遭到袭击，他乘坐的运输机一头扎进缅印交界的密林里。幸运的是，莱德只受到惊吓，没有丧命。不幸的是，这里是荒无人烟的原始森林，他必须自救。

莱德穿着长筒靴，走在高低不平的密林里。他必须走140英里（1英里≈1.61千米）路，才能到达印度境内的安全地点。然而，仅仅走了五英里路，他的脚就磨起了泡，每走一步，就好像踩在刀刃上一样。他忍着痛又走了一个小时，他的另一只脚踩上了一颗铁钉。铁钉深深扎进脚掌，疼得他嗷嗷大叫，这简直糟糕透了！

莱德真想让自己停下来，给自己多一点时间休息，但他不能停。他必须趁天黑前找到适合休息的安全地方，否则会被野兽吃掉，而且他停下来的话，泄了气，只怕就再也没有力气走出丛林了。

莱德认清这一事实后，调整好自己的状态，继续一路往前。他机械地迈着腿往目的地行走，大脑却开始放空。他命令自己忘掉"正往印度逃命"这一事实，放下"不走不行"这一有指向性的念头。这样一来，大脑里的紧迫感和恐惧感都清空了，心中的负担也减弱了。

莱德将意识都放在外部，他开始欣赏周围的风景：树木清脆，山花烂漫，松鼠和野鹿都很灵动。触目所及，都是美景。偶有山风吹过，丛林发出呜咽的浪涛声，让他仿佛置身于海岸边。

莱德心想："丛林中只有我一个人，在这样一个安静的地方，世界再嘈杂混乱，也和我无关。"思及此，莱德心情大好，他听着鸟鸣和风声，感受大自然的美好，完全忘记了战争和飞机事故这些糟心事。

给自己多一点时间，就是给自己一个机会去享受生活。我们可以欣赏美丽的自然风景、品尝美味的食物、享受愉悦的时光。同时，我们还能抽出更多时间陪伴家人和朋友。

▶ 活出松弛感

在这个人人都在追名逐利的时代，忙碌是常态。如何在忙碌的工作生活中为自己抽出一些闲暇时间，放松身心呢？可以这样做：

（1）减少时间浪费。不将时间浪费在无用的活动上，为自己腾出更多的时间。

（2）利用碎片时间。在通勤时间、午休时间、等待时间等碎片时间中，可以做一些简单的事情，如看书、听音乐、锻炼等，以此填充自己的业余生活。

（3）学会拒绝。拒绝掉不必要的任务或社交活动，保持自己的专注和效率。

（4）制定时间表。制定一份合理的时间表，包括工作时间、休息时间、娱乐时间等，让自己有规律地生活。

某些人看似一夜成名，但是如果你仔细看看他们过去的历史，就知道他们成功不是偶然得来的，他们早已投入无数心血，打好坚固的基础了。

——拿破仑·希尔

别被名利场乱了阵脚

经常有人问，是要名利，还是要安稳？

名利往往能给人带来社会地位和财富，安稳则能给人内心的平静和安宁。大多数人得到名利后，欲望会膨胀，想要得到更多的名利，则易导致灾祸登门。追求安稳的人，对现状很满足，也认同自我价值，虽然会平淡，但也会平顺。

有时拥有名利给人带来锦衣玉食的生活，所以尽管安稳度日有百般好，但只要有机会，很多人还是会选择追逐名利。追逐名利也无不可，前提是，面对名利带来的膨胀的欲望，要懂得收敛和取舍，断掉让自己心烦意乱的人际关系，舍去让自己迷失方向的诱惑，远离让自己失去自我的场所。只有这样，才能在名利的诱惑中保持清明，走出一条属于自己的成功之路。倘若做不到这一点，最终就会走向被欲望吞噬的结局。

常言道："天下熙熙，皆为利来；天下攘攘，皆为利往。"世人皆爱财，却不知，一旦被名和利迷乱了心智，起了贪念，再好的名利也不可能长久。

人生路上，我们会面临各种各样的困难与挑战，名利场就是一个巨大的考验。许多人为了追求名利，不惜一切代价，甚至违背良知和道德准则。但是，他们却忘记了一个简单而重要的道理：名利不能代表一切，更不能成为我们追求的唯一目标。

一位企业家张先生，前期凭着时代发展机遇，业务迅速扩张，吸引了大量的投资者和客户，公司在短时间内取得了令人瞩目的成就。他也因此声名鹊起，成为业内的佼佼者。

然而，张先生并未就此满足，为了得到更多的名利，他进行恶意压价，甚至利用不道德的手段打压竞争对手。不择手段让他在短时间内获得了更多利润，他也因此成为知名人士，社会各界都把他视为坐上宾，纷纷请他去分享创业经验。

在名利场的风生水起，让张先生沾沾自喜。却不知，福兮祸所藏也!

被他打压的人写了一篇文章揭发张的不正当行为。文章发布到网络上后，引起公众的强烈反感，张先生也因此臭名远扬。他的客户和投资者失去信心，公司的业务呈断崖式下滑，很快便倒闭了。

受到名利反噬的张先生，内心惶恐又焦虑。他进行了深刻的自我反思，诚心向公众道歉，还表态说商业竞争应该公平合法。但为时已晚，公众再也无法信任一个失德企业家，张先生已经难再翻身了。

拿破仑·希尔说:“有时某些人看似一夜成名，但是如果你仔细看看他们过去的历史，就知道他们成功不是偶然得来的，他们早已投入无数心血，打好坚固的基础了。”健康的身体、幸福的家庭、和谐的人际关系以及客户的信任是构成坚固基础的基石。

古人说，月满则亏，水满则溢。任何事物，强盛到极点，都会进入衰落。对名利的追求欲望太过强烈，就会剑走偏锋，迷失自我，甚至走向灭亡。因此，我们要时常反思自己，审视自己的内心，看看自己是否过于执着名利，是否需要适当地减少一些追求，放下过多的虚荣心，让自己更加轻松自在地生活。

追求名利，一定要保持一颗平常心，时刻保持清醒。

刘先生是一位非常有才华的文艺工作者，表演非常出色，很快就成为了剧组的焦点。导演对他赞不绝口，观众们对他更是喜爱有加。

然而，随着粉丝越来越多，刘先生变得傲慢起来。他对搭档的表演百般挑剔，一点点小事都可能成为他发怒的导火索。他有时还会无理取闹，诸如订的酒店不是最好的，没有安排替身，表演对戏时坚决不背台词只念数字，等等。

刘先生的态度引起了剧组其他人的不满，背地里大家对他议论纷纷。但为了给他留些脸面，也为了维护剧组的声誉，众人还是拿出最大的耐心，对他一忍再忍。

但刘先生并没有见好就收，名利带来的膨胀让他狂妄之极，他就像魔鬼附体，不把任何人放在眼里。

最终，在他刁难斥骂他人时，工作人员忍无可忍，将他的言行录下来发到网上。粉丝们见他竟然是这种人，当即大喊“塌房”了。大量粉丝脱粉，他的路人缘在一夜之间败了个干干净净。

从万众瞩目的文化名人成为人人喊打的耍大牌劣迹艺人，刘先生终于意识到，失去了粉丝的支持，他什么都不是，他的名利都是粉丝给的，当他自行轻贱，粉丝就会把给他的收回去。

名利场上的风云变幻，让人们难以保持清醒的头脑和正常的心态。一旦被名利所迷惑，就容易陷入追求权势、财富和地位的泥淖中。

怎样才能在名利场顺顺当当，不乱阵脚？十九世纪小说家萨克雷的成名作《名利场》中，讲了这样一个故事。

两个出身迥异的女孩，一个是穷画家的女儿瑞蓓卡，另一个是富商的女儿艾米莉亚。瑞蓓卡天生丽质，聪明伶俐，却出身贫寒；艾米莉亚家境殷实，慷慨大方，心地善良。

艾米莉亚十分同情瑞蓓卡，不但送她衣物和首饰，还请她到家里做客。瑞蓓卡羡慕艾米利亚家里的财富，试图使用谄媚奉承做艾米利亚的嫂子。虽然以失败告终，但她从此开启了以不正当手段夺取名利之路，她也因此成为名利双收的富人。然而，名利蒙蔽了她的双眼，让她在错误的路上一错再错，最终再次沦为一无所有的穷人。

而艾米利亚凭借自己的善良和真诚，不为名利所累，自己有时热情帮助他人，自己无时积极努力去奋斗。她经历了父亲破产、丈夫离世的磨难，最终富足幸福。

《名利场》中有一句名言："唉，浮名浮利，一切虚空！我们这些人里面谁是真正快活的？谁是称心如意的？就算当时遂了心愿，过后还不是照样不满意？"这句话，值得所有被名利场乱了阵脚的人反复诵读。

名利场上最需要什么？是淡泊。在名利场上，人们为了争取更多的利益而不择手段，往往会陷入恶性竞争的旋涡中，这种竞争只会让人失去自我。如果你已经置身于名利场上，并正经历这个过程，别犹豫，好好审视自己的内心，回答以下的问题。

金钱的诱惑是否能够让你忘记最初的梦想？如果回答“是”，那就要断掉对金钱的一味追求。

当你被掌声所迷醉时，你是否还能看清自己内心真正所求？如果回答“否”，那就要舍下对名誉的执着。

名利只是人生路上的一种经历，而非追求的终点。人生的意义，在于追求内心的真善美，寻求更深层次的快乐和满足。家庭、友情、健康和内心的平静，这些精神上的富足为我们带来的幸福感，远胜于收获外在的权势和财富后的短暂快乐。

▶ 活出松弛感

对于普通人来说，名利场是指社会中的权力、地位、财富等方面的竞争或追求。在名利场中，人们为了获取更多的资源、更好的名誉，进行各种竞争。这种追名逐利的行为往往会引发各种社会问题和心理问题，如贪污腐败、攀比心理、虚荣心等。因此，普通人在名利场尤其需要保持内心的坚定，可以这样做：

（1）坚守自己的原则和价值观，不为名利放弃自己的信仰和道德底线。

（2）保持冷静和理智，不被名利场表面的浮华所迷惑，不轻易做出决策和行动。

（3）保持谦虚和低调，不炫耀自己的成就和财富，不给他人留下不良印象。

（4）关注社会公益事业，积极参与社会公益活动，回馈社会，增强自己的社会责任感。

随波逐流的落叶，只有听天由命，是无可奈何的。

——拿破仑·希尔

此心不动，随机而动

秋高气爽的上午，去小溪边，看树叶落在溪水上，有的落在靠近岸边处，有的则落在水中央。溪水湍湍流淌，树叶随波逐流。靠近急流的，倏地冲走，转眼间不见踪影；而靠近岸边的，则缓缓悠悠，甚至有的飘到静水处，长长久久地停留了下来。

针对此情景，拿破仑·希尔说："随波逐流的落叶，只有听天由命，是无可奈何的。"想要安稳前行，就不要随波而动。

其实，在命运洪流中，我们和这些树叶又有什么区别呢？从离开学校进入社会那一刻起，我们便在命运的洪流中挣扎，有时候逆流而上，更多的时候是顺流而下，随波逐流，最后被滚滚波涛湮没吞噬。

都说命由天定，但只有做到心不随波而动，才有可能实现“我命由我不由天”的理想。要断掉随波逐流、人云亦云的行事风格，要为自己的人生规划一个明确的方向，此心不动，随机而动，不为外界的干扰所动摇。

“此心不动，随机而动”这八个字，是阳明心学的精髓。

王阳明告诉我们：只要保持内心的平静，面对变幻莫测的外界，就能随机应变。换言之，心态稳定了，就能更好地应对周围的变化和挑战。

明末时期，江西的宁王造反，朝廷派王阳明率兵平叛。王阳明到了战场，却扎营不动，只与宁王对峙。

这时，他的一个老部下可沉不住气了。他对王阳明说：“总督大人，请下令，末将愿意马上出战，誓要与这叛贼宁王拼个你死我活。”

王阳明见他热血澎湃，一副不打败宁王誓不为人的样子，并未点头同意，只是微微一笑，说出八个字：“此心不动，随机而动。”

他按兵不动，任凭宁王使出什么阴谋诡计，都只是见招拆招。最后，他瞅准机会，猛地一个反击，将宁王俘虏。

王阳明的举动，正是他这一思想观点的最好诠释。

在这个喧嚣的世界里，我们常常会面临各种各样的挑战，亦会被各种各样的声音所困扰，要么被别人的意见所左右，要么被自己的情绪所左右，甚至会因外界的影响而迷失自己。

保持内心的坚定，就能在这多变的世界里，找到一条属于自己的道路。

小王本来是一个很有想法的人，很有自信，也很有冲劲，但在一个他主导的项目失败后，开始变得不自信起来。

每当有新的想法冒出来，他的脑子里便马上有一个小人儿出来向他泼冷水，小人儿告诉他："这个想法不够成熟，总有不足。"这也导致他不敢在团队中发表自己的意见和建议。久而久之，小王变得沉默寡言，不再参与团队讨论和决策。

小王的改变出人意料，团队上至领导，下至员工，都很不解，纷纷以诧异的目光看他，这更加剧了小王的焦虑和自卑。他越发怀疑自己的能力，做什么事都提不起精神。这种消极的态度如同瘟疫般迅速感染了其他成员，一时间，团队变得死气沉沉。

这天，领导找他谈话。得知他是因为上次失败，心里焦虑悲观，对自己的认知发生改变，领导笑了，拍着他的肩膀说："有能力不如有定力。看，你定力不够，也搅得同事们心力散乱。心不随波而动，方能持之以恒、专注不懈地追求自己的目标。"

在领导的鼓励下，小王重振信念，有了创意就提出来和大家一起探讨，并主动在团队中发表自己的意见和建议。在他的带动下，同事们的积极性也被调动起来，很快，团队便做出很多兼具创意性与实用性的方案。

对个人而言，做到心不随波而动，在面对失败和挫折时，我们就不会失去信心和勇气，坚信自己一定能克服重重困难，取得成功。

倘若你是团队领头人，如果你做到了心不随波而动，那你就是屹立在黄河急流中的砥柱，即使面对狂风暴雨的侵袭，纵然面对惊涛骇浪的冲刷，你一直力挽狂澜，不但能让团队其他成员的心不乱，还能将大家伙儿的心力凝聚在一起，迎击挑战。

心不随波而动，就是要我们不断修炼定力，任尔东南西北风，我自岿然不动；培养自控力，泰山崩于前而色不变，面对挑战时保持冷静。

《道德经》里说："致虚极，守静笃。"只有把心安定下来，方能捕捉到事物的本质，再在恰当的时机行动，就没有不成功的。

同时，还要学会自我激励，让自己在前进的道路上始终保持动力和热情。世界如海，行走在世界上的我们，像小独木舟在汹涌的海面上漂泊，随着海浪的起伏左右摇晃。只有心力强稳，才能迎风击浪，砥砺向前。

要做到“此心不动”，需淡定从容，不因得失而忐忑，不因批评而自卑，也不因赞美而陶醉。其次，还需有一颗宽容心，不因别人的错误而过于苛刻，慈悲包容，让自己和他人都能够得到更好的成长。

有位张先生创业初期的路走得很曲折，经历很多坎坷。不过，他从来没有放弃自己的梦想，而是一直保持着乐观的态度，坚信自己只要不断努力就能够成功。

张先生深知创业路上的荆棘和坎坷，但他也知道，成功不是一蹴而就的，需要不断地学习和进步。

张先生知道，想要追随梦想，一定要断舍外界的杂音。无论外界怎么说他，他都没有改变自己的想法，始终怀着初心，去打造团队、洽谈项目、开拓业务。

他经过一番不懈的努力，打造出一支有凝聚力和战斗力的团队来，率领团队做出很多好项目。时至今日，他和他的团队已经成为互联网行业中的佼佼者。

张先生年纪轻轻，就走上了事业的巅峰，凭的正是此心不动，随机而动的信念。

做到此心不动，你就能像一只翱翔的鹰，高高飞过山峰和深深洞穴，不畏险峻和危险；你就能像一只自由的鱼，在大海里畅游，穿过浪花和暗礁，不畏惊涛骇浪和深渊黑暗。此心不动，方能坚定自如，优雅自持，自由自在。

▶ 活出松弛感

心乱了，一切都乱了。一颗动荡不安的心，就连生活都经营不好，更别说把工作做好了。如何才能保持内心的定力呢？我们可以按照以下这几种方法来培养。

（1）保持冷静。在工作中遇到问题或挑战时，不要被情绪所控制，而是尝试保持冷静思考，找出解决问题的最佳方法。

（2）保持专注。在工作中，断绝杂念，避免分心，专注于你正在做的事情，这样才能更好地完成任务。

（3）保持自信。相信自己的能力和价值，不要被他人的批评或否定影响自己的信心。

（4）保持学习。学习冥想和禅修，通过静心冥想来平静内心，减少外界干扰，使自己更加专注和平静。

天使前来探访，我们却当面不识，失之交臂。

——拿破仑·希尔

听一场雨落，看一朵花开

人生想要活出松弛感，有很重要的一条就是，要断掉对未来的担忧。别让明天的忧愁断绝你今天的快乐。

小米住在苏州城。周末，朋友给小米发来信息，邀请她去园林逛逛。四五月的江南，繁花似锦，满眼翠绿，让人心旷神怡。谁知，小米却拒绝了。

“你有事情要做吗？”朋友问。

小米回答：“不，我是没心情出去玩。我的同事辞职了，人事部和我说，先不招聘新人，让我做好自己本职工作的同时，接手同事的工作。一想到未来几个月，我的工作会很忙，我的升迁也无望，即使这样，我的薪水也不会涨，我就没心情玩了。”

就这样，朋友在犹如仙境般的园林里开开心心玩了一整天，小米却躺在家里沮丧地过了一整天。

晚上，朋友来到小米家，让她看自己穿着带翅膀的白丝长袍在园林拍的照片。看朋友衣袂飘飘，笑靥如花，小米心情大好，惊叹道："哇，好像天使降落人间啊！"

"其实你也可以做一天天使的。"见小米若有所思，朋友又说，"可惜的是，天使前来探访，你却当面不识，失之交臂。"

见小米不解，朋友笑道："你看，你在家沮丧一天，也改变不了未来的事情。但如果你今天出去逛一逛，看一看花开，那就是快乐的。我们总是祈祷天使把快乐送到我们面前来，但当天使把快乐送到你面前，你却错过了。"

儿时，都有过"天使来带我们去仙境"的幻想。那时候以为天使是天界一个真实存在的人，长大后才知道，天使是自己心中"快乐的念"。一个成年人拒绝"天使"的来访，是因为心里装满对未来的担忧。

担忧未来的人，对即将到来的不确定性总是充满焦虑，也许是自己的职业前景，也许是经济状况，也许是健康状况，甚至有人尚未结婚，已经开始为自己未来的家庭关系会不会很糟糕而发愁了。

他们总在担忧未来会不会不顺利，却完全没有注意到，他们已经因这份焦虑，错过许多美好。

当下里是雨天，就听一场雨落。雨滴声敲打在窗户上，发出清脆的声音，让人感到无比宁静和舒适，在这一时，静下心来，感受着雨水的温柔，放松身心，让思绪飞扬，去想一些美好的事情，或者干脆什么都不去想，只是静静地享受这份宁静。任微凉的雨丝飘洒在脸上，所有的烦恼和疲劳都一扫而空。明天是什么，管他呢，我只要当下！

索菲亚是一家大型广告公司的高级经理，每天都忙得不可开交，经常加班到深夜。工作量大，工作压力也很大，这让她经常精疲力尽。

有一天晚上，下班后的索菲亚，走在回家的路上，她为明天堆积如山的工作正满心烦恼，没有注意到乌云飘来。天空突然下起了雨，她没有带伞，只好躲在街边的咖啡店门口避雨。

雨丝飘扬，洒在索菲亚的肩上、脸上、眼帘上……她精致的妆容和西装都被雨水搅乱。然而，她发现，自己竟然不生气，就连盘踞在心头的烦恼都不见了，内心无比宁静。

她闭上眼睛，让自己的思绪飞扬，那一瞬间，她回忆起儿时淋雨的快乐、踩水的快乐。那一刻，索菲亚觉得，久违的宁静终于回归她的心田，让她的身心得到放松。

从那一天起，索菲亚每周都会抽出一些时间，让自己享受这份宁静和放松，让自己的焦虑的心得到疗愈。

倘若当下里是晴天，那就去看一朵花开吧。靠近它，感受它的香气和色彩，那一刻，整个世界都变得明亮起来，阳光也变得柔和了，微风也变得温柔了。

市区的自然公园里有一个牡丹园。四五月份，正是牡丹盛开的季节，无数人都涌到公园里赏花，在这其中，有一对母女。

母亲兴致勃勃地欣赏着每一朵牡丹，细赏、低嗅、点评、拍照、合影……而女儿则心事重重，毫无乐趣可言。

母亲发现女儿闷闷不乐，说："如此美景在当前，为啥不开心呢？"

女儿怏怏地回答："这个月的业绩下滑，领导正生气，说下周一要找我们组谈话呢。也许我们组就要被砍掉了。你说，我怎么开心得起来？"

母亲听了，笑起来："我还以为啥事呢，原来你在放弃今天的美好，预支明天的烦恼。"

母亲手指牡丹，说："工作上的烦恼常常有，今天这件事解决了，明天那件事又起来了，连绵不断的。但是，你看，牡丹花开，一年才一次。咱们能在这一刻看到它绽放，是多么奇妙的一件事情。相比起来，那常见的烦恼和这一年才有一次的奇妙，哪个更珍贵？在这当下里，我们该取哪一个，舍哪一个，你心里该有数了吧。"

女儿闻言豁然开朗。她将杂念收起，专注于欣赏花开，很快，她就将未来的烦恼抛到了脑后。在满园花开中，她彻底得到放松，以饱满的精神迎接接下来的工作挑战。

听一场雨落，看一朵花开，尽情享受眼下的美好，不去预支明日的忧愁。在这个世界上，没有人能够预知未来的发展，我们只能在当下尽力而为。也许有些事情不会如我们所愿，但是我们不能因此而提前焦虑和忧愁，我们要保持好的心情，才能保持好的状态。

▶ 活出松弛感

仔细回想一下你的日常，是不是经常在为未来忧愁。但一味沉浸在担忧中，并不能对你的未来有实质性的帮助。真正帮助你解决未来困境的，是你一直安住在当下的平静的心。所以，我们需要把握当下。要想在工作与生活中把握住当下，就要做到下面几点。

（1）管理时间。合理安排时间，把握好工作和生活的节奏，不要让时间成为你的紧箍咒。

（2）保持平衡。工作和生活都很重要，要保持平衡，不要让工作占据太多的时间和精力。

（3）享受当下。无论是工作还是生活，都要尽情享受当下的美好，珍惜每一个瞬间，让每一天都充满活力。

“你必须能够对任何人、事、地、物都保持兴趣，而且只要有必要，就应一直保持下去，如果你无法做到这一点，则其他个性将一无用处。

——拿破仑·希尔

用兴趣丰富生活，点亮自己

皮尔·卡丹在成名之前，是一个家境贫寒的穷小子。他家在意大利的威尼斯近郊，后来举家搬迁到法国的一个乡村。但他父亲不懂法语，所以找不到一份正经工作，家里非常贫穷。皮尔·卡丹在这样的环境中长大，他没有朋友，没有娱乐，甚至没有钱读书。

不过，他有两个兴趣，一个是对巴黎充满兴趣，另一个兴趣便是做衣服。他把父母穿旧的衣服重新裁剪设计，制作成小孩子的衣服来穿。

二十岁时，他对父母说：“我不能再在这个地方待下去了。我要去巴黎。”说完，他便骑上一辆破旧的自行车，两手空空地去了巴黎。

在那里，没有学历也没有人脉的他，根本找不到正经工作。不过，皮尔·卡丹并没有绝望沮丧，他的兴趣就是他的底气。

他找到一家裁缝店，先在那里做小工。攒一些钱后，皮尔·卡丹租了一个店面，开起了服装店。但是，他的第一次服装展出并未受到世界认可。

但是他并未就此放弃，而是继续坚持兴趣，在服装设计领域深耕。经过反复摸索，他的设计变得新颖、时尚、有个性，颇受名流喜欢。大家都以穿他的服装为荣。皮尔·卡丹凭着这一兴趣，建立了自己的“卡丹帝国”。

这是一个典型的用兴趣点亮生活的故事。皮尔·卡丹断掉对平淡生活的依赖，当他去往巴黎时，他所有的家当，只有那辆破旧的自行车。

无所依凭的他，前途茫茫，但他还是决绝地离开。他也是有所以依仗的，他所依仗的是他的兴趣培养出来的技能，这让他充满自信。

只要有点技术，没有人会穷到吃不上饭，两手空空出门去，总能满载而归回家来。

平凡人的生活就是平淡乏味，这时候的我们，要大声对“平淡”说“no”。众所周知，平淡的生活需要兴趣点缀。然而，当我们陷入日复一日的单调生活中，就很容易忘记这个道理。

“这日子好无趣啊！”

“生活真无聊。”

这种话是不是经常听到，甚至有时候还是从自己嘴里说出来。当你发出以上叹息时，你的生活正清淡如水，毫无滋味和色彩。

有人说，兴趣是人生的调味剂。就像烹饪一道美食，如果只有盐和油，这道菜就会变得单调无味，如果加入一些香料，这道菜就会变得美味可口。同样的道理，如果我们只是在工作、睡觉、吃饭之间循环往复，我们的生活自然单调无味。我们需要找到一些兴趣爱好，让生活变得充实且有趣。

作为一名年轻的职场新人，小张总是感到自己的工作压力很大。他每天都要面对各种各样的工作任务，有时候甚至需要加班到很晚。这让他感到非常疲惫和压抑，他开始怀疑自己是否真的适合这个行业。

直到有一天，他遇到了一位老师。这位老师鼓励小张去发掘自己的兴趣爱好，并且告诉小张，兴趣爱好不仅可以让他的生活更加有意义，还可以帮助他更好地应对工作压力。小张把老师的话听进去了，他开始寻找自己感兴趣的事情。

很多人年少时为了过高考那个独木桥，一头扎在题海里，根本没有时间去探索自己的兴趣。等到大学毕业，又要开始工作，所以很多人终其一生，都不知道自己的兴趣爱好是什么。当你叹息“生活好无聊啊”的时候，探索你的兴趣的时机到了！

小张很幸运，在年纪轻轻，便有良师告诉他兴趣的重要性。他经过一番摸索，发现自己对摄影非常感兴趣。于是，他开始学习摄影技巧，买了摄像机，一有空闲时间便去户外拍摄。通过镜头，他发现世界如此神奇和美妙，这让他很是开心。

因为有一份好心情，他觉得工作也变得更加轻松愉快。同时，他的思维更活跃，也更善于创新，这个改变不但让他成功地克服了工作中的各种挑战，也让他变得更加自信有激情。

瞧，兴趣带来的改变是多么大啊！不但可以让我们的生活更加丰富多彩，还能帮助我们更好地管理自己的情绪和压力，助力我们的人际关系和工作。

人的生命有两重，一重是肉体生命，一重是精神生命。肉体生命是我们存活在这个世间的根本，精神生命是我们在这个世间过得更好的见证。如果说，日常生活是为了喂养我们的肉体生命，那么，兴趣爱好则是喂养我们的精神生命。大家常说，平淡的生活需要兴趣点缀，其实也就是这个意思。

当你拥有了兴趣爱好，会满腔欢喜去学习新知识，主动尝试新的事物。你会发现，自己变得更有动力，更有激情。

一份积极的兴趣爱好，不仅能让我们的生活更充实有趣，还会让我们的心变得更加平静。这话毫不夸张，当你沉浸在自己喜欢的事物中时，你会发现，自己的内心变得更加纯澈。

兴趣是我们的精神食粮，是我们的灵魂之窗。在疲惫的生活中，它将带我们去往一个美好的空间，只要你愿意，这个空间将专属于你，唯你独享。

比如，你喜欢音乐，当你听到一首动人的音乐时，会感受到音乐给你带来的快乐和放松；你喜欢美术，当你看到一幅美丽的画作时，会感受到艺术给你带来的情感和启示；你喜欢阅读，当我们读一本好书时，就能感受到书中的智慧和思想的引导。

著名作家林清玄的经历，便最能验证这种说法。他从一个普通人，因为对佛禅的感兴趣，走上了一条不平凡的路。

在 32 岁那年，林清玄感悟到佛法，觉得这是能让自己静心安住的法门，从此开始了深入的修行。他深入经藏，不断学习佛法的精髓，体悟佛法的真谛。大德修行之路，历来就充满艰辛，但他坚持不懈，不断地追求着内心的安宁。

35岁那年，他出山四处参学，写成了“身心安顿系列”，这一系列作品成为90年代畅销的作品之一。他以自己的实践经验和理解，为读者提供了实用的方法和建议，让人们能够更好地掌控自己的身体和心灵，过上更加健康和平静的生活。

40岁时，林清玄完成了“菩提系列”，这一系列作品畅销数百万册，成为当代最具影响力的书之一。他用自己的文字，向人们传递了佛法的智慧和启示，让人们更好地认识自己，认识世界，认识生命的真谛。他的文字不仅让人们感受到了佛法的力量，更让人们感受到了内心的温暖和平静。

林清玄的成就，追根溯源，就在于他在兴趣上着力了。这份兴趣后来不只是点亮了他的生活，也点亮了无数读者的心灵之路。

兴趣是我们的成长之路，它能够激发我们的潜能，让我们的才华得以发挥。

比如，我们喜欢绘画，就会不断研习绘画技巧，揣摩艺术风格，不断提高我们的绘画水平，最后我们可能成为一名画家；我们热爱运动，就会不断挑战自我，提高自己的体能和技巧，向成为一名运动员努力。

兴趣也是我们的精神寄托，它们能够让我们在人生道路上找到自我，找到自己的方向和目标。

比如，当我们热爱旅行时，会不断地探索新的世界，发现新的美景和文化，从而拓宽我们的视野和心灵；当我们喜欢读书时，会不断地汲取知识和智慧，从而成为更加有思想和品位的人。

无论我们的兴趣爱好是什么，只要我们用心去追求，用心去体验，用心去享受，它们都会给我们带来无穷的快乐和满足。

让我们用兴趣点缀生活，点亮自己的心灵，让人生因此变得更加充实，有意义。

▶ 活出松弛感

有的人说，我的兴趣很多，但是我不知道怎样用兴趣来提升自己。如何用兴趣丰富生活、点亮自己呢？可以采取以下几个小方法。

（1）找到自己的兴趣爱好。不同的人有不同的兴趣爱好，你需要找到自己感兴趣的事情，比如画画、写作、做手工、运动、旅游，等等。

（2）参加兴趣社群。在社交媒体或者社区中找到自己的兴趣社群，和志同道合的人交流和分享，可以让你更深入地了解自己的兴趣爱好，结交一些新朋友。

（3）学习新技能。不断学习新的技能和知识，可以让你的兴趣爱好更加丰富，比如学习一门新的语言、学习一种新的乐器等等。

（4）把兴趣变成事业。如果你的兴趣爱好非常强烈，可以考虑把它变成自己的事业，这样可以更加深入地探索自己的兴趣，并且可以获得更多的成就感和满足感。

停止内耗，突破思维认知偏差

焦虑，职场中人人都体验过它的滋味。当你有一个挑剔的上司，当同事在不断抱怨，当你的工作效率因拖延而降到最低，当你因不出成绩而不断否定自己……这时候，你要告诉自己：我需要摒弃外界的信息，专注于自身能力的提高。停止内耗，突破思维认知偏差，能让你思路更清，也能让你全力以赴。

为什么你不在每天早晨对自己说：“我爱我的工作，我要把我的能力完全发挥出来，我很高兴这样活——我今天将要百分之百地活着。”

——拿破仑·希尔

打造极简工作环境

有人说，家是运场，开出一个好的运场，就会有一个温馨安定的家。这个道理用在工作中，也是一样的，公司也是一个运场，只有开出一个好的运场，工作才能顺利和顺心。

运场怎么开？最首要的当然是整理。清除一切多余的、繁琐的物品，打造一个好的极简工作环境，这是职场中最基础的开运。在开运过的环境中办公，你自然就能避免焦虑，身心都充盈着松弛感。

当我们开始工作时，通常会面对许多不必要的干扰，这些干扰会使我们工作效率降低。比如，你在专注地写文案，但手边放了一本科幻小说。倘若文案里突然出现“最佳科幻”字样，你可能会忍不住去翻看小说。等你再回过神来，才发现自己已经看了一个小时，本来半小时就能写完的文案，却迟迟没有写完，工作效率大打折扣。又比如，你在工位上放了一个异地女朋友送的小物件，你一思念她，就会忍不住拿起小物件看。此时的你，看的是小物件，想的是异地的女朋友，工作早就被你丢到爪哇国去了。

综上所述，打造极简工作环境是非常重要的。否则，接下来的时间，你该因为工作延误而焦虑不安了。

来吧，从清理你的工作场所开始，你的工作场所应该只包含你需要的工具和文件，剩下的就都清理吧。例如，过多的装饰品和杂乱无章的文件。断掉外物带来的杂念，保持你的工作桌面干净整洁，这样你就可以更好地集中精力工作。另外，如果你使用电脑工作，也要保持电脑桌面的整洁，删除所有不必要的文件和图标，这样就不会在使用电脑时点进别的平台去。要知道，网络是一个黑洞，它会吸噬你的时间和精力。

减少干扰，让我们营造一个安静的工作环境。同事们的工位都在一起，谁说一句话，可能都会打扰到你，那就在需要专注的时候带耳机，以隔断外来的声音。在工作期间，叮咚叮咚响个不停的手机和电子邮件通知，也是噪音，往往让人心烦意乱，我们可以通过设置，减少通知频率，让自己更专注。

然而，有一种情况就是，设置了静音，也不能阻断困扰。

小赵刚进公司时，还没有尝到噪音干扰的痛苦，他的手机没有设置静音。平日里，微信的滴滴声和电子邮件的叮叮声，并不觉得吵闹，但每当他想要专注工作时，那些声音就显得格外嘈杂，小赵被干扰得心烦意乱，根本无法静心做事，为此他常常被搞得焦头烂额。

“这样下去可不行，必须要杜绝干扰！”心生警觉的小赵关闭了手机和电子邮件的通知。

但他很快就发现，提示声没有了，自己更焦虑了。他总是担心会错过很多信息：家里父母万一生病打来电话他错过怎么办？女朋友有事找不到他该怎么办？客户要是来邮件没及时回复，客户恼了跑单怎么办？手机静音了，可小赵的心却静不下来。

人是一种社会属性的动物，只要身在职场，这种焦虑就会体验到。我们需要把心安住在当下。

把心安住在当下，就是最好的修行。告诉自己：**喝水的时候就喝水，吃饭的时候就吃饭，工作的时候就专注工作。**

打造极简工作环境的另一个关键要素，是制订计划。

你会问：工作环境和工作计划有什么关系么？当然有，制订计划可以帮助你更好地组织你的工作。使用一个日程表或任务列表，记录下你的任务和工作进度，这样一来，你就能掌握自己的时间，从而更好地规划你的工作。

提高效率是打造极简工作环境的关键。你可以使用一些工具来提高效率，例如，使用时间管理工具，如日历和提醒应用程序，以帮助你跟踪任务和会议，并确保按时完成。此外，你还可以通过学习新技能来提高效率，例如，学习快速打字和使用快捷键。这些技能可以帮助你更快地完成任务，让工作效率得到极大提高。

只要心态积极，就可以更好地应对工作中的挑战。面对挑战时，就不会轻易放弃。此外，心态积极的你还会主动与同事交流，以推进工作进度。

保持随时清理杂物、摒除杂念的心，打造极简工作环境，从容专注的你，将无往不胜。

▶ 活出松弛感

经常看到很多人的工位凌乱不堪，倘若你也是如此，那你一定要拿出时间来清理你的工作环境。想要打造极简工作环境，有下面四种方法。

（1）清理桌面。将不必要的文件、文具、杂物等物品全部清理干净，只保留必要的工作用品，让桌面看起来简单整洁。

（2）简化工作流程。将工作流程简化，减少不必要的环节和步骤，提高工作效率。

（3）避免干扰。关闭手机和社交媒体等干扰源，集中精力完成工作任务。

（4）保持整洁。保持工作环境的整洁，每天结束工作前清理一下工作区域，让下一天的工作环境更加清爽舒适。

我们没有办法控制自己的工作环境——但是我们可以尝试培养朋友和活力，以刺激自己更有创造力的思考和生活。

——拿破仑·希尔

抱怨不如改变

爱抱怨的人，即使遇到很小的不顺也会无限放大，本是一块小石头，轻轻一脚就能踢散，但拿着抱怨的放大镜看，就变成了拦路虎，这也导致工作起来就越是艰难，工作艰难又会让他更加抱怨不公，形成恶性循环，在职场怎么过得好呢?

快乐就不同了，快乐能让我们将工作中的阻碍缩小，因为快乐的人自带乐天派属性，遇到困难，一句“兵来将挡，水来土掩”，一切因缘际会自会向他聚拢，困难也会随之化解。

同时，快乐的人，自然而然焕发蓬勃的生命力，会不断吸引人向他靠近。所以，在人际关系方面，快乐的人能做到如鱼得水，比爱抱怨的人更容易建立起一个良性的朋友圈。而充满活力和良性朋友的圈子，又能激发他们的创造力。

现在的职场，流行词层出不穷，年年翻新，“内卷”“躺平”“摆烂”“啃老”等互联网热词，无一不满含幽怨。每一个抱怨的词背后，都有一个庞大的群体，可见抱怨是职场中绝大多数人的常态。

要断掉如此庞大人群心中的抱怨，就要知道抱怨背后的深层逻辑：

发展太快，内心和脚步都跟不上节奏。

有人说，为什么农业时代的人吃不饱穿不暖，却鲜少抱怨？为什么互联网时代的人，享受着一切高科技产品，吃喝不愁，却诸多抱怨？

这是因为现代社会节奏快，为了追上社会发展，人们被迫疾步前行，有那步履小的，甚至需要飞奔，才不会与社会脱节。有一句话说，从前车马很慢，书信很远，一生只够爱一个人。但现在，飞机高铁，让人日行万里，几百字的文字都没有耐心看完，爱尚且如此匆忙，何况是工作。人们根本无法静下来缓慢地处理一件事情，工作压力也随着如此飞速的节奏而增加，人们很容易就陷入抱怨的境地。

抱怨并不能解决问题，反而会让我们的工作变得更加繁重和困难。

不抱怨，并不意味着我们必须默不作声地忍受一切。相反，我们要正确地表达自己的想法和意见。积极寻找解决方案，积极行动，才能真正地解决问题。

小高是一名年轻的销售人员，他的工作任务是在一个新兴市场推广公司的产品。前期，他遇到很多困难和挫折。当地人对公司产品的了解程度不高，竞争对手的价格更加优惠，这些难题让小高苦恼万分。

每次出去推销受阻，小高都会习惯性抱怨一顿。

“强龙不压地头蛇，当地人怎么可能买我们的！”

“怎么是我这么倒霉来做这个工作？”

…………

小高抱怨成习惯，不自觉中把情绪带到了工作中。上司本来对他寄以厚望，看他怨声载道，开始对他失望。

直到有一天，上司说：“有问题解决就好了，抱怨什么呢？如果再这样下去，那就换人做这个项目。”小高这才认识到自己的错误。

他开始转换思路，每当抱怨要出口时，他就对自己喊“停”，取而代之的是一句“没事的，我能行！”他发现，每次自己说完这句话，焦虑和哀怨就会无踪影，人也镇定和自信许多。

镇定了，才能冷静下来思考问题。他花时间研究了当地市场的情况，尝试不同的销售策略，与客户建立起更紧密的联系。他还主动与竞争对手做朋友，与他们谈合作，通过互惠互利的方式实现双赢。

随着时间的推移，小高的销售业绩逐渐提高，他也获得了上司的认可。

通过小高的经历，我们可以看到，抱怨并不能解决问题。相反，我们只有保持乐天派的性格，才能找到解决问题的方法。

在面对工作中的困难时，如果一味抱怨，只会让我们陷入消极的情绪中，进而影响我们的工作效率和心情。这时候，要升起警觉心，告诉自己："断掉抱怨，心向快乐。"有了这份智慧，就能保持镇定和快乐。

一位出国留学的博士后，本以为毕业后可以留在名校任教。然而，那几年全球经济下行，导致学校的岗位也在减少。

很不幸的是，这位博士后的岗位也在其列。

毕业即失业的博士后，又沮丧又懊恼，在网上发文抱怨学校，这下子闹得全世界都知道了。

他以为网友们会站在他的一边。事实恰恰相反，网友们一边倒地批评他：

"你要看清现实，这是全球经济下行时期，不是某一个人的责任。”

“你为什么一定要进名校？你要去一般的大学，就是很重要的人才啊。是你自己定位不准。”

…………

网友们的批评像子弹一般射向他。他本来只是抱怨一下，这下子被弄得抑郁了，整日哭丧着脸，也不出去找工作，没有收入的他终于沦落到流浪街头，最后由当地警察押送遣返回国。

抱怨的破坏力有时就是这么大！

▶ 活出松弛感

抱怨是人之常情，快乐才是难得的修行。那么，在工作中遇到问题和障碍时，怎样才能停下抱怨呢？可以这样做：

（1）认识到抱怨的负面影响。首先，你需要认识到，抱怨会对自己和他人造成的负面影响。抱怨会让你的心情变得沮丧、消极，也会影响同事的情绪和工作效率。

（2）找到问题的根源。在停止抱怨之前，你需要找到抱怨的原因。是因为工作量太大？还是因为同事不合作？找到问题的根源可以帮助你更好地解决问题，而不是一味地抱怨。

（3）尝试积极思考。当你遇到问题时，不要立刻陷入抱怨的情绪。尝试积极思考，寻找解决问题的方法。你可以和同事讨论，或者寻求上级的帮助。这样可以让你更高效地解决问题，减少抱怨的频率。

当你感到愤怒或焦虑时，承认你的感觉可以帮助你冷静下来并控制住自己的情绪，说一声："这没关系。"

——拿破仑·希尔

心平气和，不轻易发怒

某广告策划公司的会议室里，项目负责人雷俊正在向老板汇报工作成果。

"这个项目完成尚可，今天还请领导过目审核。"

老板仔细看了项目报告，脸上的笑意也越来越浓。

然而，还未等老板开口，雷俊组的一个同事突然插言说："老板，这个项目我也参与了，按理说，我不该说话。但是，我还是觉得，这个方案不妥。"

雷俊脸色一变，这个说话者，从项目策划到落地，全程都没有用心参与。本来项目组同事就对他意见很大，没想到他会临阵"倒戈"来拆台。

雷俊压住怒火，道："你说哪里不妥了？"

那同事继续数落："这个方案性价比不够高，可行性不强。它能顺利落地，全是因为客户人傻钱多。"

这下把雷俊彻底激怒了。他猛地起身，扬手就给了那同事一拳头："你这个家伙，咱们组同事八个人，其他七个人辛辛苦苦，通宵达旦做了三个月，为了赶进度，好多同事都加班加点修改复盘 PPT。这期间你在做什么，你晚来早走，一直从不认真工作。我们说你什么了吗？现在你来说三道四，安的什么心？"

虽然雷俊的项目完成不错，但他因为攻击同事受到处罚。这一切，都是因为他在同事拆台时，没能控制住情绪。

职场最负面的情绪之一，就是愤怒。职场是一个"小社会"，你会面对各种各样的人际关系。人际交往中，愤怒是最忌讳的情绪，它会让人失去理智，做出错误的决定，影响工作效率和人际关系。

愤怒缘起何处呢？有两个根源。

一、自我修养差的人，遇到挫折和障碍，容易愤怒，只要提高自我修养，就能避免这种情况发生。

二、还有一种，即使你修养再好，也被激怒，那可能是不公平。因为人类自身具备一种公平正义的情感，即使他人受到不公平对待，都会愤怒，更何况是自己。像雷俊那样，同时让自己和团组成员受到不公平指责，就更是怒不可遏了。

职场从来不是伊甸园，遭遇挫折在所难免，所以自我修养是职场人士的必修课。学会控制自己的情绪，将愤怒转化为动力，去跨越障碍，打败挫折，才有资格在职场谋发展。

因为不公平对待，所以有人把职场称之为“修罗场”，仿佛职场就是你死我活的战场，让人望而生畏。其实，之所以会这样说，就是因为很多人面对不公平对待时，被激怒到情绪失控，面目全非。然而，当你掌握一些智慧，远离愤怒心向平和时，你会发现，职场并不可怕。

怎样才能远离愤怒呢?

在工作中，如果你是管理层，下属难免会有失误之时。比如，未能按时完成工作任务；没有及时回复邮件或者电话；未能准确传达信息或者理解他人的意图；对同事态度不友善或者不尊重；没有按照规定完成工作流程或者程序；没有遵守团队或者公司的规章制度；等等。下属出现这些问题，你很难不生气发火。

作为管理者肩负更多的责任，出于全局考虑，你的愤怒理所应当。但是，如果你就此迁怒下属，下属会感到委屈和不安，就不能全神贯注去处理问题；同时，还会影响到公司的形象和声誉，让团队失去信任和归属感。你看，几分钟的怒火，你发泄了，心里虽然舒坦了，但代价很大。

那些有职场智慧的人，他们有更妥当的解决办法。

孔子说："不迁怒，不贰过。"不要迁怒发泄，比迁怒发泄更重要的是审视问题，弥补漏洞，绝不出现第二次同样的错误。这才是正确的处理方式。所以，当下属犯错，你想要发怒时，马上对自己说："停！"把精力用在冷静分析问题上，保持平和的心态，找到问题的根源，给予下属建设性的指导和帮助，而不是怒斥和责骂。

职场是一个小社会，即使你不是管理者，也避免不了因为一些小事心生怒气，甚至将自己的情绪转移到别人身上。然而，这样做只会让事情变得更糟。

轩轩是一位年轻的设计师。最近，他负责的项目进展缓慢，客户还经常刁难，提一些棘手的要求，这让他情绪一次次崩溃。在客户提出多次修改意见，最后却又提出要改回第一版时，轩轩情绪彻底失控了。

"你到底想干什么？不把我们乙方当人看是吗？"

"啊……"

"啊什么，你别以为自己出钱就了不起，这样来回折腾我们有意思？好玩？"

"你这人……"

"我这人咋的了？我比你地道多了，我不折腾别人，有钱，就可以反复折腾人是吗？"

他怒火冲天，大声斥责客户，被愤怒冲昏头脑的他，甚至抢白客户的每一句话。

当冷静下来时，看着客户惊恐的目光，轩轩才意识到，自己的愤怒不仅没有解决问题，反而让问题变得更加复杂。

果不其然，第二天，公司便接到客户的投诉，轩轩也被项目组调了出去。不久，他就被公司解聘了。

如果当时轩轩换一种表达方式，就会好很多：他意识到自己生气时，马上对自己喊“停”，并对自己说一声“我对客户很生气。不过，这没关系，都会过去的。”

远离愤怒，心向平和，可以通过深呼吸、闭目养神、听音乐等方式来实现。在心向平和的同时，你要正一个念：每个人都有自己的情绪和状态，我们有时会因为一些外部因素而生气，这是非常正常的。以此念去接受“自己生气是正常现象”这一事实。然后，再进入下一个念中：我们不能将自己的情绪转移到别人身上，因为，这样做只会让别人也感到不舒服。此念起，红线生，红线外是发怒，红线内是平和，有了这条红线，我们就能掌控住自己的身体和心神，不让它发泄怒气。

拥有了“心向平和”的智慧，我们自然而然就懂得尊重别人的感受和意见。

在职场中，每个人都有自己的想法和方法，我们要尊重别人的感受，不能强迫别人按照自己的意愿去做事情。如果对他人的意见有异议，应当直接和他们沟通，而不是发脾气。

物业公司里，A、B 两个部门经理都很有能力，但他们二人之间经常意见不合。A 经理总是按照自己的想法去做事，而 B 经理则认为，这样会影响到公司的整体利益。在一次会议上，他们两人因为意见不合而发生激烈争吵，A 经理吵不过 B 经理，怒不可遏的他，撸起袖子就要和 B 打架，进展到一半的会议不得不中断。

无奈的老板把二人叫到办公室进行调解。

老板问 A："有事说事，为什么要打架？"

A 怒气冲冲："他总是说我想当然，会影响公司利益。但是我一直这样做，每次都为公司拿到项目，从来没有赔过钱。我气不过他这样污蔑我。"

B 也很生气，说："不遵守公司的规定，总是按照自己的想法来做，这就是出线。我阻拦你，是为你好，怕你出线犯规，害了自己又害了公司。我的出发点错了吗？"

A 的怒气瞬间熄灭，他嘀咕道："你有这么好心？会为我好？我不信。"

B 道："不是怕你出线犯规，我那么些废话做什么？"

刚才还剑拔弩张的两个人，因为这番对话而握手言和。

人与人之间，因矛盾激起愤怒，不要紧，和他加强沟通。

每天，都告诉自己一遍：我几乎从来不生气，因为没必要，有问题就去解决，不要让别人的错误影响自己。凡是在职场建立起和谐工作关系的人，都是懂得尊重他人感受和意见的人。

▶ 活出松弛感

愤怒是一种很正常的情绪，所以不要回避它，要正视它。记住，远离愤怒，并不意味着一味回避愤怒，而应当正视它。在工作中，你被人激怒要生气时，可以参考以下小技巧，来调整自己愤怒的情绪。

（1）控制情绪。在情绪高涨时，先停下来思考自己的情绪，不要让情绪控制自己的行为。

（2）与人沟通。在情绪平静的时候，与别人沟通，表达自己的想法和感受，听取对方的意见和建议。

（3）寻找解决方法。在情绪平静的情况下，寻找解决问题的方法，不要将情绪转移到别人身上。

热忱的态度，是做任何事必需的条件，我们都应该深信此点。

——拿破仑·希尔

向与生俱来的拖延宣战

拿破仑·希尔曾讲到一个人的经历。那人名叫法兰克·派特，从小就打棒球，长大后，成为一名职业棒球手，在一个球队工作，月薪 175 美元。但不久，他就被球队经理开除了。

这是法兰克人生中遭受到的第一次重大打击，他至死难忘。而球队经理的话，更是让他铭刻终身。

球队经理说："你这样慢吞吞的，做事情总是拖延，哪里像一个棒球手的样子。法兰克，离开这里后，如果你还是这个样子，提不起精神，做事拖拖拉拉，你永远也不会有出路。"

不久，法兰克就进入另一个球队。为了不让人再次点名责备自己，法兰克决心拿出最大的热忱。

他一改往日拖延到最后一个上场的毛病，第一个出现在球场上。同时，他凝神屏气，强力投出高速球。因为劲头儿太足，愣是震麻了接球员的双臂。大家都被他的力度惊呆了。

派特并未就此打住，他以强烈的气势冲入三垒，当时球场上气温高达 38 度，他迅猛如疾风的速度和气势，将对方的三垒手吓呆住，甚至都忘记了接球，他也趁机盗垒成功。他的球队因为他而赢得了一场又一场的比赛。

在工作中，人们最容易拖延。几乎人人都有拖延这个毛病。我们总抱怨时间不够用，却不自觉地将时间浪费在无用的事情上，把该做的事情往后拖，直到最后一刻才匆忙完成。它不仅会让我们错失很多机会，还会让我们失去自信和动力。

想要断掉拖延，就一定要查清楚拖延的根源，它因何而起？为何一直存在？弄清楚了这些问题，就能改善它，纠正它。

很多人认为，拖延是因为懒惰，其实不然。**拖延的根源，是内心的恐惧和不安。**

我们害怕自己的能力不足以完成任务，害怕失败和批评，害怕面对未知的风险。因此，我们选择拖延来逃避这些不安的情绪，但这只会让我们的困境更加恶化。

查清楚根源，就知道了摆脱拖延的方法，那就是——热忱。

张晴是一位年轻的职场新人，她总觉得自己的能力不够，害怕自己无法胜任工作。因此，她常常选择拖延任务，希望能够逃避这种不安的情绪。

然而，这种做法只会让她的工作更加困难。

有一次，张晴负责策划公司的一个重要项目。这是她第一次独立负责这么大的项目，压力很大。于是，她开始拖延任务，总是找各种理由推迟工作。时间一天天过去，项目的进度却越来越慢，直至上司开始怀疑她的工作能力。

上司找到她，说："你的能力没问题，但是你却迟迟没有进度，你每天都在忙什么呢？"

张晴仔细回想这些天，她每天都在为这个项目而不安，因此望而生畏，迟迟不展开工作。此时，她才意识到，自己拖延的根源是不安。

"必须要克服不安，没有退路可言！"张晴一边对自己鼓劲儿，一边主动积极地和项目中的相关人士进行沟通。她用热忱面对不安，并逐渐克服不安的情绪。最终，她成功地完成了项目。

拖延不仅会浪费时间，还会让我们失去自信和动力，让问题更加严重。当我们拖延时，就会陷入消极的情绪中，难以自拔。而当我们满怀热情完成一项任务时，就会看到自己的价值，这将激发我们更积极的行动。

摆脱拖延的坏毛病，不是一蹴而就的，需要我们持之以恒地去实践和努力。首先，我们要有满腔热忱，其次，我们要有一个清晰的目标。

如果你不知道自己想要什么，那么你就会随波逐流，任由时间流逝，不知不觉中做了拖延的奴隶。因此，我们需要思考自己的目标，制订计划，有条不紊地完成每一步。

有一个大学生，总是喜欢把作业推到最后一刻才开始做。这种拖延不仅让他的成绩下降，还让他失去了学习的动力。第一学期和第二学期，他都挂科了。终于在第三学期，他意识到自己有拖延的毛病。

他断然采取行动，制订一个计划来摆脱这个坏毛病。每天早上，他都会制定一个清单，列出当天需要完成的任务，然后按照清单上的计划有条不紊地完成。这个过程也是塑造他自信的过程。有了自信，便有了学习热情。他开始积极参加课堂讨论和小组项目，尽管他有时仍会陷入拖延的陷阱中，但饱满的热忱又将他拽出陷阱。通过他坚持不懈地努力，第三个学期期末，他的每一科都拿到了高分。

工作中，最怕的不是遇到彪悍的对手，而是怕自己患上拖延症。因为，外力来袭，有团队作战，但内在的自己倘若要是有问题，别人是帮不上忙的，只能靠自己。

人生是一趟单程车，没有重新来过这一说，所以时间是最宝贵的财富，每一分每一秒都应该珍惜，我们必须学会管理时间，不要让拖延成为我们前进的绊脚石。

▶ 活出松弛感

和其他毛病有所不同，拖延往往无声无息，不知不觉中，时间就被拖延没了。想要摆脱拖延的坏毛病，可用以下几种方法。

（1）设定优先级。将任务按照优先级排序，优先处理那些最紧急和最重要的任务。这样可以避免浪费时间在次要任务上，从而导致整体工作进度缓慢。

（2）避免分心。在工作时，关闭社交媒体和电子邮件等通知，以及其他会分散注意力的应用程序和网站，专注于当前任务。

（3）找到工作的动力。例如，将工作视为达成目标和提高技能的机会，而不是单纯的任务。

你要有勇气坚持自己的观点，这会使你更有效率，更健康，更快乐。

——拿破仑·希尔

心态决定成败

雪莱说："过去属于死神，未来属于自己。"

很多人弄错了顺序，他们把过去的失败归为自己，未来的无限可能却归于死神。

没有比人的内心更复杂的了，每时每刻，每分每秒，都充斥着各种各样的情绪和杂念。而一个一直背负着失败的人，他的内心只有一个念：自我否定。一个满心对自己否定的人，他的人生之路将会走得十分艰辛。

有时候，我们会被自己的负面情绪所淹没，陷入自我否定的泥潭中无法自拔。我们必须扔掉自我否定，重新找回自信。

当然，这对于一个长期处于"自我否定"状态的人来说，简直比杀了他还要难。因为从来没有一个人是生下来便在“自我否定”状态中的，必定是经历了失败的长久折磨和打压，就像被压在五指山下的孙悟空一样，怎么挣扎也没有用，最终认了命，觉得自己的命大抵如此罢了。

“断舍离”创始人山下英子曾经说起过她的一个学员。每次清理物品时，那名学员都会大嚷：“我扔不掉啊！”这句话实际上就是给她自己定了调，而且还隐含着“我就是这种人，我也没办法”这种简单粗暴的结论。

对于长期处于自我否定的人来说，他们何尝不是如此。当你对他说：“来，扔掉自我否定的包袱，你能行的，不要怀疑自己，要有自信。”他一定会还你一个白眼：“我要能行，还等今天？！”

如果仔细推敲，就会发现，他们不是扔不掉，而是根本不想扔。因为扔掉了那个“自我否定”的情绪，内心便空下来。这时，便有新的情绪涌进来，也许这些情绪又是失败的呢？那岂不是又要一次次承受失败的打击和摧残？那种生不如死的感觉，岂不是又要体验一次又一次？还不如就一直趴在这个泥潭里算了。

不要怕，扔掉“自我否定”情绪，可以分几个步骤来做。

首先，承认自己的不足。

史蒂芬是美国一所大学的系主任，他总是派给秘书迪尔很多工作。这天，他在连续安排秘书几项工作后，又吩咐他去五公里外的客户那里取一份文件。

迪尔急匆匆地走出办公室，面如死灰，自言自语道："糟糕，我今天又无法完成工作了。"

他一路小跑往停车场去，慌忙间，迎头撞上柱子。"哎呀"一声，迪尔重重摔倒，他的额头被柱子撞破，后脑勺又在地上磕破，整个脑袋都血糊糊的，很是吓人。

当众人看到他时，迪尔没有第一时间请求大家送他去医院，而是连声嘟囔道："对不起，我简直太差了。就连走路都走不好。"

最后的结果当然是：迪尔不但没取来文件，那一天的其他工作也没有做。

迪尔显然就是一个心中装满自我否定的人。那么短短的几分钟里，他就连续否定自己两次。结果大家都看到了。

但如果他第一次就承认自己的情绪，结果就会不一样。如果他承认"我肯定做不完这么多工作，这不可怕"，那么，他就不会那么急匆匆赶路，乃至于把自己撞伤，也不会出现第二次自我否定的负面情绪。

当我们感到挫败、自卑、无助或者失落时，我们就要停下来，深呼吸，坦然告诉自己："这是正常的，我不必感到羞耻或害怕。"

其次，找到自己的优点和价值。

经常思考“我擅长什么”“我做过哪些事情”“我对别人有什么帮助”等问题，从答案中，我们可以找到自己的优点和价值，从而增强自信心。

同时，我们也需要学会放下过去的错误和失败。我们不能让过去的错误和失败束缚自己，而是要学会从中吸取教训，不断前行。问问自己：“我从这个错误或者失败中学到了什么？我可以如何改进自己？”通过这样的思考，我们可以从过去的错误和失败中获得启示，不断成长进步。

最后，给自己正面的肯定和鼓励。

要相信自己的能力与价值，遇到挫折、挑战时，告诉自己：“我很优秀，我有能力克服它们，我会成功的。”

▶ 活出松弛感

职业生涯中，自我否定是一种可怕的心理状态。许多人在工作中遇到挫折时会感到无助和沮丧，进而陷入自我否定的情绪中，而这种情绪又会让你跌进更深的沮丧和挫败感中。为保持良好的工作状态，我们必须学会如何走出自我否定。

（1）接受自己的情绪。不要试图掩盖或否认自己的感受。承认自己的情绪是正常的，并尝试理解自己为什么会有这种情绪。

（2）重新审视自己的想法。当我们处于自我否定的情绪中时，我们的想法往往会变得负面和扭曲。我们需要重新审视自己的想法，并尝试找到更积极的角度。

（3）关注自己的成就。我们不要只关注失败和挫折。多多回顾自己的成就，可以让我们更好地看到自己的价值和能力。

（4）给自己时间。走出自我否定需要时间，我们不要急于求成，也不要对自己过于苛刻。给自己时间，让自己慢慢恢复，并找到更好的状态。

他的心一定要在马戏场里。

——拿破仑·希尔

放下焦虑，为所当为

拿破仑·希尔采访过一个名叫威廉斯的驯兽师。驯兽师很爱自己的工作，他也想把这份工作传给儿子。但是，儿子在一次驯兽过程中受到惊吓，有了心理阴影，对这份工作产生强烈的焦虑感。他过于担心，总是不能专注于工作，这让他的驯兽技艺总是无法达到父亲的高度。

后来，威廉斯想出一个办法，每次儿子出场前，他都悄悄告诉儿子一句话。儿子只要听了这句话，驯兽表演效果就非常好。

拿破仑·希尔很好奇，问："你给儿子说什么了？"

威廉斯回答："我告诉他，当他和马戏场的狮子、老虎、豹子在一起时，他的心一定要在马戏场里。"

威廉斯说得对，当你置身在危险的动物群中，焦虑有什么用，真正有用的，是一颗安住在当下的心。对于职场人来说，每一次项目谈判，何尝不是深入虎穴？！想要谈判成功，焦虑是不会有半点助力的，只有一颗专注于当下的心，才能给你助力。

在工作生涯中，焦虑是一个常见的问题。

可口可乐公司曾经赞助过亚特兰大的一次运动会。当时，会场里随处都可见到公司的显眼标志，就连运动员身上的服装，都印刷上产品名称。触目可及，都是“可口可乐”几个大字。

有一个人被邀请做大会的荣誉主席，并在大会开幕式上发言。在这个规模很大的场合做如此重要的人物，他觉得自己很成功，但也有些焦虑。他说：“很高兴能站在这里祝福大家，也要感谢我们的赞助商百事可乐。”

后面的赞助商代表很生气，当即黑着脸大声纠正他：“是可口可乐。”

台下的参赛运动员们也都起哄，纷纷指着自己衣服上的几个大字嚷：“是可口可乐。”

这位荣誉主席又羞愧，又懊悔，很是下不来台。

很显然，焦虑是无法集中精神的。无数成功人士的经验告诉我们，要解决问题，首先要查清问题的根源。想要放下焦虑，就要知道焦虑在哪里，因何而起。

你在做事时，如果内心深处有一丝不安在骚动，那就是焦虑。你再仔细体察会发现，它源于你的过度思考，以及周围不可控的环境和人。找到答案后，我们就可以放下焦虑了。

放下不必要的忧虑和担心，不要过度思考和纠结于无关紧要的事情。比如，你正在准备一场演讲，你要做的，不是过度担心听众的反应，而是应该专注于准备好你的演讲稿和表达技巧。

离开那些对我们产生负面影响的人、事、物。例如，不良的关系、压力过大的环境等。只要做到这两点，我们基本就可以放下焦虑了。

关于放下焦虑，纵然提出了千百种与之对抗的智慧，但在那些无法做到的人来说，他们会觉得简直是“子非鱼焉知鱼之苦”的荒唐。

倘若你敢说出“你放下焦虑”，他就会大声呵斥你，“站着说话不腰疼”“饱汉不知饿汉饥”。

对于他们，当焦虑如潮水般袭来，淹没了心灵，他们不知道该如何是好。他们无法承受，却又无处可逃。事实上，他们忘了古人还有另外一句话：“尽人事，听天命。”

尽人事，意思是尽力去做我们力所能及的事情。努力工作、学习、成长，尽可能地提高自己的能力和素质，不退缩，不放弃，积极地面对生活中的挑战和困难。

然而，世事风云变幻，有时候，尽管努力了，仍然无法掌控局面。这让我们感到困惑、无助和失望。这时候，就要记住“听天命”。

听天命，意思是说，我们应该接受生活中的不确定性和变化。放下那些我们无法掌控的事情，接受自己的现状，并且相信自己的未来。

▶ 活出松弛感

焦虑分为正常焦虑和病态焦虑两种。正常焦虑可以用松弛感来调节，病态焦虑，则需要专业的医学指导。那么，如何区分正常的焦虑和病态的焦虑？

（1）正常焦虑。焦虑情绪是暂时的，出现在特定的场合或事件中；焦虑情绪不会持续很长时间，通常在几分钟或几小时之内就会消失；焦虑情绪不会影响日常生活和工作的正常进行，可以被自我调节和控制。

（2）病态焦虑。焦虑情绪过度，无法自我控制；焦虑情绪持续时间较长，通常持续数天或数周；焦虑情绪影响日常生活和工作的正常进行；焦虑情绪伴随着生理症状，如心悸、出汗、呼吸急促等。

第四章

不执着，
人生没什么不可放下

因为婴儿降临人世间的第一声是啼哭，所以有人说人生苦。滚滚红尘，何以不忧伤？做事做对两点：一、是对的就坚持，该抓牢时就抓牢；二、是错的就割舍，该放手时就放手。幸福的人生，不是靠积累来的，而是靠做减法来的。

总有一些人看不懂暗示，对他们来说，除了直截了当的结束，没有什么其他有效的办法。

——拿破仑·希尔

不将就，不妥协，不遗憾

艾米 22 岁那年，认识了一个男孩。身边每一个人都提醒她：“你已经是成年人了，可以结婚啦。”

艾米根本不懂婚姻的真谛，在人云亦云中，和男孩踏进婚姻的殿堂。

谁知长期相处后，艾米才发现，她和丈夫没有共同语言，而且他们的饮食习惯也不同，艾米喜欢吃米饭配青菜，男孩喜欢面条配猪肉。久而久之，艾米感觉心累。

后来，随着年龄增长，艾米发现，婚姻的真谛，不是年龄和周围人的眼光，而是两个人之间真正的感情和信任。她决定离婚，重新开始自己的生活。

现在的艾米，过着自己喜欢的生活，有自己的事业和爱好，也遇到了一个真正懂她的人。她明白，婚姻不是生活的全部，没有将就可言，只有同时爱和被爱，才能过得幸福和满足。

一个洒脱的、对自己负责的人，一旦发现感情有将就的成分，就会斩其于乱麻之中。

年近 40 岁的莉莉是一个成功的职业女性，拥有巨额的财富和光鲜的事业。但因为一直专注打拼事业，她的感情生活始终处于空白，这让她一直引为憾事。

有一天，她遇到一个比她小 15 岁的男孩，帅气、幽默，充满活力。同他相处，莉莉感觉自己都年轻了。

人们都以为莉莉恋爱了，但莉莉自己清楚地知道，自己对男孩的不是爱，只是一种对年轻活力的渴望，与其说她抓住男孩，不如说她是想通过男孩抓住年轻与活力。这样的感情不可能长久，于是莉莉和男孩断然分手，迅速斩断了这份感情。

得知此事，朋友们劝她说："这么多年来，好不容易有人和你相爱，就这样放弃了多可惜。你不怕孤独一生吗？"

莉莉说："因为担忧未来，而去将就感情，这本身就是一个伪命题。如果做加法就能幸福，那这幸福的水分也太大了些。"

后来，在一次旅游中，莉莉认识了一个和她有相似背景的男人。阅历相似，三观一致，两人很快坠入爱河，开始了新的一段感情。三年后，莉莉做了幸福的新娘。

一直以来，人们对幸福有一个误区，以为 1+1=2 就是幸福，也不管两个“1”精神是否契合，一旦有人敢做割舍，就是远离幸福。但是，将就的感情是不可能幸福的。莉莉正是因为离开年轻男孩，离开将就的感情，才有机会找到后来的幸福。

爱，是人类内心最深沉的表达，是一种无形的力量。它是一种自发的情感，无论我们如何控制，它都会在某个时刻爆发出来。正因为其神秘不可测，所以感情里没有将就，一旦有了将就，轻则抱憾，重则痛苦不堪。因为“将就”意味着妥协，你没有得到自己真正想要的，这种妥协会让你感到空虚、失望和沮丧。

临近毕业季，林若却开心不起来，甚至有些绝望，因为她和男友面临着很大的问题。他们两个来自不同的城市，毕业后会各自回家乡。男友不止一次劝她去他的家乡，但林若却更想回自己的家乡实现梦想。

林若和男友在一起已经有两年了，感情非常稳定。但林若深知自己的人生目标，对自己的职业也有一个清晰的规划。她认为，一个拥有事业的女性会更加独立和自信，而这也是她一直的追求，她不可能因为任何人而改变自己的计划。

林若和男友进行了一番深入地交谈，开诚布公地告诉了他自己的想法和打算。最后，她说："对不起，我不能跟你去，我们分手吧。"

男友很难过，但也表示理解。他说："人生很长，我们每个人都不该成为爱人前进的障碍。"

男友支持她的决定，并鼓励她为自己的梦想努力。当然，他也要去追求自己的梦想。倘若他们中有谁为了对方而放弃自己的梦想和规划，就是在为这份爱情妥协，那么这份爱情就有了将就的成分。

两个人最终都选择做减法，友好分手，为这段两年的感情画上一个句号。这样做虽然会很难过，但总胜于妥协后的委屈和遗憾。

在感情上做减法，有直接和间接两种。

像林若这样，和对方沟通，以间接的方式婉转处理固然好，这样给大家都留足了体面。今日留一线，来日好相见，这条定律在恋人之间也同样适用。

总有一些人看不懂暗示，你用间接的方式，他们反而以为你在玩心机。对他们来说，除了直截了当的结束，没有什么其他有效的办法。

赵婕今年 28 岁，有一个交往三年的异地男朋友吴铭，感情一直很稳定。

最近，赵婕突然发现，吴铭有很多事情她不清楚，而且他的性格偏激又固执，是她无法认同的。

经过一番深思熟虑的思考，赵婕决定分手。但他们之间从未有过争吵，突然提出分手，赵婕张不开嘴，于是她委婉地向吴铭表示："我累了，先不要联系了。"

吴铭那几天正好忙，便欣然答应了下来。

过了几天，吴铭突然打来电话，问："你这是什么意思？好端端的突然玩失踪，你是想欲擒故纵拿捏我吗？我告诉你，我不是被人拿捏的人，想要拿捏我，没门儿！"

赵婕听了这话，感觉吴铭露出的这副嘴脸好陌生。再这样下去，只怕他的偏激性格会给自己惹祸上身，于是她只好直截了当地告诉对方："地域距离是我们跨不过的鸿沟，迟早都是要分的，长痛不如短痛，所以现在分手。"

放眼看这个世间，真正琴瑟和鸣的感情不多，反而是将就凑合的感情不少。所以，才会有那么多不幸福的家庭存在。

明知道将就的感情要不得，可为什么还有那么多人舍不得放手呢？因为舍不得放手的人，往往对那段感情有着深刻的记忆和情感投入，他们害怕失去这份安稳和舒适，也害怕未来的不确定性和孤独感。

此外，有些人可能真的爱着对方，即使感情有些将就，也不想轻易放手。

但是，人生短暂，珍惜时间，将就的感情没有未来，还是勇敢地放手，寻找更适合自己的幸福。在感情世界里，不将就，不妥协，才能不留遗憾。

▶ 活出松弛感

感情里没有将就可言，无论你遇到的是好的，还是坏的，只要是不适合你的，都要做减法，这既是对你“绝版”人生的尊重，也是对这个社会最好的贡献。怎样来做这个减法，提供几个小妙招。

（1）定期清理自己的情感垃圾桶，将不必要的人和事物从生活中剔除。

（2）学会说“不”，不要轻易地妥协和将就，坚持自己的底线和原则。

（3）学会放下过去，不要让不愉快的经历和情感包袱困扰自己的现在和未来。

（4）寻找适合自己的人和事物，不要追求所谓的完美，而是要找到与自己匹配的人和事物。

且让我们记住：命运之轮在不断地旋转，如果它今天带给我们的是悲哀，明天它将为我们带来喜悦。

——拿破仑·希尔

放下执念，放过自己

“十年生死两茫茫，不思量，自难忘。”“换我心，为你心，始知相忆深。”这些古诗词一直为我们所称道，我们迷其文风之美，更羡其对爱情的忠贞。

芸芸众生在对这些痴情者顶礼膜拜的同时，也在悄悄祈盼，自己何时能够拥有这样一份爱情呢？

爱情，是人生中最美好的感情之一，它让我们感受到无限的甜蜜和幸福，但同时也会带来不少的痛苦和挣扎，因为爱情会引发执念。当你深爱一个人时，会对他产生强烈的情感和渴望，希望和他在一起，并为他付出一切。如果付出的感情得不到回应，就无法释怀，从而陷入执念中。

执念是一种强烈的情感，它会让人在爱情中变得固执，更甚者为偏执。倘若你看过《霍乱时期的爱情》便知道，此言属实。

一个名叫弗洛伦蒂诺的男孩和一个名叫费尔米娜的姑娘相爱。他们情投意合，立下白头到老的盟誓，并商定了婚期。然而，出人意料的是，费尔米娜最终选择了一个医生做丈夫。

这段爱情本该就此结束，但弗洛伦蒂诺的心中却有了深深的执念。他终身不娶，并选择在费尔米娜家对面定居，每天他都能从窗口看到费尔米娜家，以此排遣相思之苦。直到医生去世，他第一时间就冲到费尔米娜面前，告诉她，不要害怕和担心，他一直在。这份执念，毫不逊色于苏轼的“不思量，自难忘”。

这种带有执念的爱，总是能够触动人心最柔软的角落。但对于当事人来说，却是极苦的。试想一下，弗洛伦蒂诺每天透过窗口，不但能够看到心爱的姑娘，同时也能看到姑娘和丈夫的亲昵。夫妻之间的每一个互动，都像一枚针刺进弗洛伦蒂诺的心脏，表面看不到伤口，内里却早已千疮百孔。

弗洛伦蒂诺的执念，带有高度自律，有谦谦君子之风。现实中，爱情的执念可没有这么体面。一旦入执，便总是不停地追问对方，控制对方，甚至放弃自己的原则和底线，去满足对方的需求，为了得到对方的认可和爱，不惜付出一切，最终失去自我。

倘若仔细观照这份执念，不难看出，是当事人对感情的需求出现了偏差。他们的潜意识里面认为，爱人虽然不爱自己了，但是自己放不下，只要自己不撒手，这份感情就还在，就还被自己占有着。

到底是他们占有着这份感情，还是被这份感情占有了他们，明眼人一看可能就明白的事情，偏偏他们就走不出来。

老许和小丽是一对恩爱夫妻，他们曾经相爱多年。但随着时间的推移，老许觉得小丽不再爱自己了。这个念一起，便遏制不住，长此以往，在老许心中形成了执念。他不停地追问小丽的一举一动，控制她的行为，甚至放弃自己的原则和底线，去满足小丽的需求，希望得到她的认可和爱。

这种执念虽然满足了老许的心理需要，但对小丽而言，却如牛负重，坐立不安。她觉得，自己失去了自由，无法做自己喜欢的事情，自己已经彻底沦为囚犯了。况且有执念的人是无法沟通的，她每次试图和老许谈话解决问题，都被老许再三强调他的爱而导致沟通失败。小丽忍无可忍，最终决定离开。

老许无法接受这个事实，变得躁郁粗暴。在一次争吵中，他突然情绪失控，用刀将小丽刺伤了。万幸的是，小丽被送进ICU，堪堪捡回一条命。老许则被警方逮捕，面临牢狱之灾。

这就是执念的恶果。

爱情需要自由和尊重。对于一个人的生活和选择，我们应该给予足够的空间和支持，而不是过分控制和干涉。过度执着的爱，只会害人害己。

断执舍念，是一个需要勇气和智慧的过程。我们要认清自己的内心，明确自己的需求和底线，不要为了得到对方的认可而放弃自己的原则和价值观。同时，我们也要接受现实，不要一味地幻想和期待。尽管现实是残酷的，但也必须接受，只有这样，才能让我们走出执念的困境。

肖先生和他的女朋友小玲在一起三年了，他们感情很好。但自从前段时间，小玲知道肖先生待前女友很好后，便耿耿于怀，经常阴阳怪气地提起他的前女友，这让肖先生感到很烦恼。

肖先生深爱着小玲，但他明白，如果小玲不能放下对他过去的执念，他们的感情会越来越糟糕。于是，他决定陪小玲一起旅行，希望通过旅行，让小玲来放下过去的伤痛和恐惧。

在旅途中，肖先生和小玲一同欣赏美景，品尝美食，享受彼此的陪伴，小玲的心情逐渐变得轻松愉快。

这天晚上，肖先生和小玲散步时，看到了一对老夫妻手牵手在海边漫步，脸上写满了幸福和满足。肖先生突然对小玲说："我们也要像他们一样，携手白头。"

小玲听了肖先生的话，心底瞬间被感动充盈，她深深地明白了肖先生的用心良苦。从此，她学会放下执念，释怀过去，他们的感情也更加稳固和美好。

▶ 活出松弛感

心有执念，红尘即是苦海。在感情中，如何放下执念，放过自己？

（1）接受现实。首先，要认识到，事情已经发生了，无论是你的感情关系已经结束，还是你对某个人的感情无法得到回应。接受现实是放下执念的第一步。

（2）停止反复回忆。不要反复回忆曾经的美好，因为这只会让你更加沉迷于过去，无法前进。试着去关注当下的生活，寻找新的乐趣和意义。

（3）学会宽容和谅解。宽容和谅解是放下执念的关键。试着理解对方的立场和感受，不要把所有的责任都归咎于自己或对方，而是学会接纳事情的不完美和不确定性。

只有在把挫折当成失败来加以接受时，挫折才会成为一股破坏性的力量；如果把它当作是教导我们的老师，那么，它将成为一项祝福。

——拿破仑·希尔

爱情很好，但你也不差

逝者如斯夫，人生如梦，谁不是这世间的过客？铁打的营盘流水的兵，谁不是他人生命中的过客？

世间的过客也好，生命的过客也罢，都有一个共同的结局：匆匆来，匆匆离开。纵然你是捶胸顿足，撕心裂肺，也不会留下来的。这就是过客的命运。

在诸多身份的过客中，披着爱情外衣的过客，最是让人难以放下。

一个姑娘，站在桥上要跳河。消防队队员们急匆匆赶来，一半留在桥上，一半去往水域，为救姑娘做好充分准备。

消防队队长说："姑娘，你下来，我们有话好好说。"

姑娘说："男朋友不要我了，我还活着做什么？让我去死。"

消防队队长说："你这么好，他舍得放弃，那他肯定不好。走了不好的，是为了给好的腾位置。这是你的福气。"

姑娘说："你这话是没错，可我还是无法接受他突然离开。我不知道，未来没有他，我该怎么办？"

爱情就是如此，尽管离开之人让我们痛不欲生，但因为曾经给我们带来了美好的回忆和幸福的时光，所以离开就让我们无法接受。

其实，你不舍的，不是那个人，而是曾经的美好和幸福；你之所以难受和恐惧，是因为你怕失去后再也不能拥有。认清了真相，我们反而没有那么恐惧。

苏小姐和她的前男友是大学同学，两人在大学里相识相爱，感情非常深厚。毕业后，他们留在同一座城市工作，开启了同居生活。

在苏小姐看来，结婚是顺理成章的事儿，然而，随着时间的推移，两人之间的矛盾越来越多，最终，两人以分手散场。

分手后的苏小姐，难受到食不知味，一个月瘦了二十来斤。她不甘心这段感情就这样结束，想到了很多办法来挽回。但前男友去意已决，一切都已经晚了。

在失恋的阴影中煎熬了三个月的苏小姐，终于接受分手这一事实。她开始重新审视自己的生活，找回自己的兴趣爱好，又重新认识了很多新的朋友。在新朋友中，有一个非常优秀的男孩子，对苏小姐一见钟情，他真诚地向她表达了爱慕。

最初，苏小姐有些犹豫，但随着时间的推移，她对男孩有所了解后，觉得和他在一起很开心很有安全感，便接受了他的爱。现在，他们的感情非常稳定，彼此相爱相守。

有些人，一旦受到失恋的刺激，就因爱生恨，甚至做出过激的行为来。爱情中的过客难免带来伤痛，但也会带来成长。

李先生是一个职场白领，居住在 A 城。他一直忙于工作，没有时间去寻找爱情，所以一直单身。

在一次去 B 城的商务工作中，李先生遇到了一个名叫静静的姑娘。静静是合作公司的经理，她开朗、热情、善解人意。与她在一起，李先生很放松，很快乐，最特别的是，他有一种被懂得的感觉。

闲谈中，李先生发现，他们有很多共同点，都热衷于旅行，喜欢看电影，喜欢读书。李先生喜不自胜，他觉得，爱情的大门正在向他徐徐敞开。

相处三天后，李先生要离开 B 城了。他和静静道别时，情不自禁地拥抱了她。静静也回给他一个拥抱。这让李先生更心动了。

回到 A 城后，李先生一直想着静静。他试图打电话，发短信，但是静静都没有回复他。李先生思来想去，觉得自己只是一个职员，而静静比自己要优秀。想要追上静静，就要让自己也变得优秀才行。于是他把所有闲暇世间都用来提升自己的能力。一年后，他已经成为重要项目负责人。

李先生再来到 B 城，向静静当面提出交往时，他非常有自信。

然而，静静却当面拒绝了他。对于静静来说，李先生仅仅只是一个客户。对于李先生来说，静静却是他的过客。不过，这个过客让他成长，变得更加优秀。

爱情很好，但你也不差。所以当爱情过客离开时，我们不应该沉浸在悲伤和怨恨中。感激他们的存在，感激他们带来的一切。把那些经验和教训埋在心底，用来指引未来的爱情之路。

▶ 活出松弛感

过客的离开，并不代表爱情的终结，它只是爱情路上的一次转折。我们需要相信，更美好的爱情在前方等待着我们。我们需要相信，每一次的分离都是为了新的、更好的相聚。但放下的过程是艰难的，那么，如何才能放下感情中匆匆而去的过客呢？

（1）接受现实。过客已经匆匆而去，无论是因为他们选择了离开还是其他原因，都已经成为事实。接受这个现实，不要一直纠结于过去，而是朝着未来前进。

（2）停止联系。如果你和过客还有联系，试着停止联系，给自己一些时间和空间去治愈。删掉他们的联系方式，不要主动联系他们，让自己有时间去适应没有他们的生活。

（3）培养自己的兴趣爱好。找到自己感兴趣的事情，比如运动、读书、旅行等，让自己忙起来，让自己的生活充实起来。

（4）给自己时间。治愈需要时间，不要过于着急，给自己足够的时间去慢慢适应没有过客的生活。

在我们所生活的这个时代，我们时时得为生存而进行艰苦的奋斗。

——拿破仑·希尔

错过了就努力释怀

物是人非事事休，欲语泪先流。爱情就像一朵绚烂的花，令我们陶醉和心动。然而，世事总难遂人愿，遗憾自是难免，在爱情中，错过本是常态，但有些错过，永无从头再来的可能。

爱情中的错过，分两种场景。在两种场景中，有不同的应用方式来化解难题。

一种错过是：爱人在，爱不在。

思思是一个才华横溢的音乐家，从第一眼看到她舞台上演出的样子时，李先生就被她的才华与美貌深深吸引。

之后，李先生对思思展开了热烈的追求，他极尽浪漫之事，更加以无微不至的关怀。在他的强烈攻势下，思思很快被打动，两个年轻人开始了一段美好的恋情。他们每天都耳鬓厮磨，卿卿我我，简直是周围所有人羡慕的情侣样本。

然而，思思的音乐事业开始崭露头角，她需要更多的时间去追逐梦想。但这样的她却让李先生感到不安，女朋友那么优秀，随着音乐版图扩大，她接触到的是越来越多比他更优秀的男士，这让李先生危机重重。

随着见面时间越来越短暂，交流越来越少，李先生开始疑神疑鬼。他经常没事找事地和思思吵架。思思本就高强度工作，工作之余已很疲惫，哪里还有精力来和他吵。终于，在无数次争吵之后，两个人分手了。

从此，他们各自走上了不同的道路，思思成了一个著名的音乐家，李先生也潜心发展自己的事业。偶尔，李先生也会买票去看思思的演出，望着舞台上优秀的前女友，他总是忍不住想，如果当初自己能够珍惜，或许他们的结局会不一样。

然而，时间已经无法倒流，他只能向前看。

分手之后，大多数人都会像李先生那样陷入自责和悔恨之中，觉得自己没有把握好机会，没有珍惜对方的爱。但是，这种自责只会让我们更加沉沦，难以自拔。我们要断掉自责和失落，远离沉沦，坦然释怀。释怀了，我们才能从错过中走出来。

释怀，并不意味着我们要忘记过去，而是要让自己不再困扰于过去的错误之中，从而有更多的精力去面对未来。

另一种错过是：爱在，爱人不在。

梁山伯与祝英台的爱情，妇孺皆知。两个情投意合的年轻人，因为家里的门第观念被强行拆散。一个被迫与富家公子订婚，一个在家里郁郁寡欢而亡。

无论家里怎么阻挠，痴情的祝英台始终心系梁山伯，她一直在等爱人来接她，谁知最后等来的是爱人离开人世的噩耗。

这种“爱在，爱人不在”的错过，让人痛不欲生。

有那坚强的，忍着痛，带着爱人的遗愿行走在这红尘的人，看似稳健温柔，却满腹感伤，每每思量，便痛彻心扉，那种“一失足成千古恨，再回头是百年身”的悲凉和孤寂，无人能体会，真正是无处话凄凉。

有的爱人不在了，绝不苟活于世间，就像祝英台，穿上最美的嫁衣，纵身跃进爱人的坟墓，不羡世间荣华富贵，只求与爱人生死与共。

这种错过，不提释怀，只说拥有。佛说：一花一世界，一叶一菩提。爱人尽管已错过，但他已经给过你一个惊艳的爱的世界，且独一无二，无人能夺。拥有过这个世界，纵使身处荒漠，你也不孤单。

经常看到有年轻人把爱情视为幸福的唯一来源。一旦错过，就寻死觅活，闹得鸡犬不宁。

爱情并不是唯一的幸福来源。当我们爱上一个人时，我们可能会觉得他或她是我们生命中的全部。注意，此时的你已经掉进狭隘的巢窟。其实，还有很多其他的东西可以带给我们幸福，比如，家人、朋友、事业和爱好。如果能将注意力转移到这些方面，你就会发现，自己的生命中还有很多美好的事情。

凯特是一个渴望爱情的女孩，她一直相信，爱情可以给她带来最大的幸福。她寻找那个“特别的人”，直到她遇到了汤姆。他们一见钟情，凯特觉得，她找到了自己的幸福来源，她的生命中只有汤姆才能让她快乐。

尽管凯特很重视这段感情，但这段感情还是无疾而终。分手后，凯特感到非常失落和孤独，她认为自己的生命中再也没有了幸福。

经过一番死去活来的折磨，她开始反思自己的行为，然后得出结果：自己之所以失落痛苦，是因为过于依赖爱情。

“这是错误的。”她对自己说。她开始关注自己的家人、朋友和事业。慢慢地，她发现，亲情、友情和对事业的热情，都能让她感受幸福，爱情并不是制造幸福的唯一来源。

▶ 活出松弛感

爱情中错过一个人并不可怕，可怕的是一直沉浸在失落和痛苦中无法自拔。如果我们能释怀，就可以重新找到自己的幸福。那么，我们要如何释怀错过的爱情呢？

（1）接受现实。如果你错过了爱情，那么你需要接受这个事实。不要试图去改变过去，因为这是不可能的。接受现实，向前看。

（2）不要责备自己。不要因为错过了爱情而责备自己，爱情是两个人之间的事情，不是你一个人的责任。不要把责任全部归咎于自己。

（3）寻找其他的爱情。错过了一次爱情并不代表你会失去所有的爱情。继续寻找，相信你一定会找到属于自己的那个人。

（4）做点自己喜欢的事情。有时候，当我们沉浸在自己的痛苦中时，我们会忘记自己的兴趣和爱好。找回自己的兴趣和爱好，让自己忙碌起来，会让你更容易释怀。

我问："它把你折磨得不轻吧？"

朋友回我："没有啊，我并不觉得那是辛苦，反而觉得是受用无穷的经验。"

——拿破仑·希尔

既然分手，那就一别两宽

分手，是爱情中的一种常态模式，也是最让人失魂落魄的一种情感体验。怎样做，才能让这种失魂落魄的情绪缓解，直至淡然面对？当然是要用智慧的。

分手，是一种让人心痛的经历。曾经的甜蜜和美好，如今已成过往。每每不由自主地回忆起那些的美好时光，曾经的那些誓言和承诺，如风语在耳边呢喃，想抓抓不着，想忘忘不了。那种失落和惆怅，真正是难以言说。

世界很大也很小，春风入卷来，山水有相逢。每个分手的人，都在大脑里预演过相逢的场面，是痛哭流涕，还是云淡风轻？智者都选后者。他们明白这样一个道理：不要拿过去的错来惩罚现在的自己和对方，相反，我们应该欣然接受这一切，微笑着与对方打个招呼，然后继续前行。

李鑫和章莹，在大学里相识相爱，度过了一段美好的时光。他们曾许下海誓山盟，约定一起走完人生的旅途。但是，毕业后他们分别去了不同的城市工作，两人渐行渐远。最终，李鑫决定分手，章莹虽有不舍，但现实问题无法克服，也只好答应。一对恋人带着对彼此的祝福，从此走向各自的人生道路。

几年后，李鑫在一家咖啡馆遇到了章莹。两个人目光对视那一刹那，李鑫的心还是忍不住漏跳了几拍，对于昔日的恋人，他依然心有爱意。但他并未任爱意流露，而是保持着淡然的微笑，与她打招呼。

经过一番简单交谈，李鑫得知，章莹已经有了新的恋人。

章莹也得知，李鑫在工作和生活中越来越成熟，这让她感到十分欣慰。她说："当初，我答应你提出的分手，有一段时间很后悔，我一直在问自己，我的决定到底是对还是错？现在看来，你我的决定都是正确的。"

有了宽广的胸襟和高远的格局，虽然做不成恋人，却能做两个更优秀的人，这也就不负曾经那份美好的爱情！

爱情和人生一样，是一个充满挫折和困难的旅程。我们会遇到各种各样的挑战和难关，只要保持云淡风轻的心态，即使走上分岔路，也不会寻死觅活。

有了风轻云淡的豁达和格局，面对分手带来的挫折和痛苦，我们不再感到焦虑和恐惧，而是能够微笑着接受，然后继续前行。不要让过去的错误影响我们的未来，不要让失败阻碍我们前行的步伐。保持一种轻松自在的心态，我们才能走得更远更好。

如果没有风轻云淡的态度，面对分手就容易失去理智，最后变得极其可怕。

大卫幽默风趣，唯独有一个缺点，就是缺乏自信心。他喜欢一个叫苏西的女孩，苏西也喜欢他，得到爱的回应的大卫，自然是很快乐的。但他总觉得自己不够好，自卑心让他认为，苏西的爱没有他的爱深刻。这种猜疑让苏西饱受困扰，她最终选择了离开大卫。

被分手的大卫感到巨大的失落和孤独。他试图寻找其他的爱情，也和很多女孩相恋，但他很快就发现，没有人可以取代苏西在他心中的位置。渐渐地，他变得沮丧和消沉。

有一天，大卫看到苏西和她的新男友携手逛街，这一幕刺激到大卫，那一瞬间，他的心中被愤怒和绝望填满，感觉自己的生命已经失去了意义。于是，失去理智的他举起街角咖啡厅的座椅，抡向了莉莉的新男友。猝不及防的男人被他砸了个正着，当场口鼻溢血，脑袋一歪倒下去。

大卫这才意识到，自己冲动之下杀了人。他又惊又怕地转头冲到公路中央，说时迟那时快，一辆汽车疾驰而来，将他撞飞，他当场丧了命。

三毛说：“风淡云轻，细水长流，何止君子之交，爱情不也是如此。”分手后，我们可能会感到孤独、无助、失落和不安，甚至会陷入过去的回忆中无法自拔。理智些，告诉自己：“不要紧，这些情绪都是很正常的反应。”

▶ 活出松弛感

虽然说分手是一种成长，让我们有机会客观地审视自己，但对于用情至深的人来说，分手也是一种打击。怎样才能从分手带来的打击中挣脱？可以这样做：

（1）接受事实。分手是一种现实，不要否认或试图逃避它，接受它并承认它的存在。

（2）释放情绪。不要压抑自己的情绪，让自己哭泣、发泄、愤怒或伤心，这是一个正常的反应，但不要让它控制你的生活。

（3）换个环境。改变环境可以帮助你摆脱负面情绪和回忆，可以去旅行、搬家或尝试新的爱好。

我们时常钻进牛角尖而不知自拔，因而看不出新的解决方法。

——拿破仑·希尔

爱自己，才是浪漫的开始

美国的前总统艾森豪威尔，每个周末都会去度假，这引起一部分民众的不满，擅长抓热点的记者自然不会错过这个话题。于是，在一次记者招待会上，一名记者提出这个问题："总统，为什么你的周末假期那么多呢？"

艾森豪威尔笑着回答："我只有很好地爱我自己，才能有精力去爱我的民众。"

这个回答很妙。一个更好的自己，才能更好地去爱他人，去爱这个世界。

如果从这个角度去观照爱情，你会发现，**在爱情中"爱自己"的人，往往能得到恋人更好的回应。**

在一个阳光明媚的日子，有对小情侣约好了一起出门玩。他们约定在市中心咖啡馆见面。男孩提前十分钟就到了，他找了一个舒适的位置坐下等待女孩的到来。不久，精心打扮的女孩出现了，男孩不悦地瞪了她一眼，因为她竟然迟到了五分钟。

他们点了咖啡和蛋糕，开始聊天。一贯温柔的男孩有些不耐烦，还不断找碴，要么就是女朋友说话太慢了，要么就是女朋友太吵了。

看着男孩逐渐烦躁的脸，女孩突然说："你今天这么暴躁，是因为我来迟了的缘故吗？"

男孩被当面揭穿，有些尴尬，但还是坦诚地点了点头，说："是的。我早早来了，可你却来晚了。我觉得，你不是很重视我们这段感情。"

女孩闻言，正色道："我正是因为太重视你和这段感情，才晚到的。"

男孩不解。

女孩解释道："我因为重视你，所以想要把最好的自己呈现在你面前，所以我化妆了。我要化最漂亮的妆，自然就耗费了一些时间。"

男孩说："你这哪里是爱我，分明是爱自己。"

女孩笑答："当然，我爱自己，才能给你一个最好的恋人。你要的是一个不爱自己，也不会把自己最好一面呈现给你看的女朋友吗？"

男孩听了这话，烦恼瞬间涤荡一空。接下来，他更是把女朋友当女王一样哄着捧着。之所以他心甘情愿对女朋友好，是因为，爱自己的人，浑身都发着光，让他情不自禁地想要更靠近她。

人生中最美好的事情之一就是爱情。但在追求爱情的同时，我们也不能忘记爱自己。

当我们爱自己时，我们会自觉地保护自己的尊严，不会轻易妥协。这种自尊会让我们更加坚强，更坚守原则。坚守原则的人从内到外都会散发独特的魅力。

臻臻是一个优雅自信的女孩，她总能轻易在人群中脱颖而出，成为众人的焦点。

然而，臻臻的生活并不完美，她曾遭受过一段恋爱的伤害。在那段爱情里，她的眼里只有对方，爱到忘记自我。但即使这样，她还是遭遇对方的出轨和背叛，这让她陷入深深的失落和痛苦之中。她开始怀疑自己的魅力和价值，认为自己不够好，不值得被爱。因此，在很长一段时间里，臻臻都沉默寡言，她变得不爱交际，甚至经常独自一个人待在房间里。

好在臻臻并没有放弃自己，消极了一段时间后，她振作起来，开始爱惜自己。她办了健身卡，同时，还积极学习新的技能和知识，主动参加社交活动，去结交新的朋友。臻臻的生活因这些改变而变得充实和精彩。

臻臻的改变很快就吸引了很多男生，其中一个帅气又温柔，对臻臻非常关心和照顾。臻臻再次陷入爱河。不过，这次爱情有所不同，她不再把所有的爱都给到对方，而是以自我为中心，先好好爱自己。

越是这样，男孩对她越是着迷。他说："臻臻，爱自己的你简直美极了！谢谢你给了我一个这么好的女朋友。"

"爱自己，是终极浪漫的开始！"臻臻用自己的行动诠释了这句话的真谛，她给了自己一个新的开始，也给了别人一个值得爱的自己。

爱自己，意味着要尊重自己，珍惜自己的身体和心灵，给自己足够的关注和呵护，以及坚持自己的价值观和信仰。做到这些，你就会更自信、更有勇气面对生活中的挑战和困难，也会更容易吸引到真正爱你的人。

▶ 活出松弛感

怎样从"爱自己"开始，缔造属于自己的终生浪漫？可以这样做：

（1）接纳自己。首先，我们必须全盘接纳自己，这是爱自己的第一步。我们需要了解自己的价值和特点，以及自己的优点和缺点，这样才能更好地了解自己，从而更好地爱自己。

（2）健康生活。保持健康的生活方式，包括健康饮食和适当的运动，可以帮助我们保持身体健康和心理健康，这样可以让我们更有信心和能量去面对生活中的挑战。

（3）培养爱好。我们可以通过培养兴趣爱好来丰富自己的生活，这可以帮助我们更好地了解自己和自己的需要，同时也可以让我们更容易地找到与自己三观一致的终生伴侣。

第五章

钝感力，玩转人际关系

待人接物，管人理事，没有哪一点离得开人际关系。只要生活着，便每一天都要与人相处，每一天都要与事相处，每一天都要与物相处。会交际的人，所到之处都是海阔天空、鸢飞鱼跃；不会交际的人，所到之处往往遍地荆棘。

从一个人的社交方法上，能看出他的人品，看出他的识见，看出他的胸怀。

如果把焦点放在别人和自己的共同点上，则与人相处就要容易些。

——拿破仑·希尔

朋友贵精不贵多

人不可一生无友，因为朋友是我们一生不可或缺的一部分。

李大爷是一个单身汉，虽然年过七十，依然孑然一身。好在他从年轻时就在家门口的工厂上班，工作四十几年来，他的勤恳和热心肠，让他结交了一群工友，其中有几个说得上来的，更是成为朋友。

最近，他生了重病。工友们都很关心他，大家纷纷去医院看望他，尤其是那几个朋友，更是给他送去可口的饭菜，还抽时间轮流照顾他。在大家的关爱下，李大爷的病情得到好转。

出院后，他逢人就讲：“我以为，我这个孤老头子就这样孤零零走了，没想到这么多人照顾我。有朋友真好啊！”

朋友，是我们生命中的知己、伙伴、支持者，他们陪伴我们一起经历人生的起伏和荣辱。所以俗话说：“朋友是人生中最为珍贵的财富。”其价值不仅体现在日常生活中，更在人生的关键时刻，当我们遭遇挫折、失落和困难时，能够陪伴在我们身旁的朋友，无疑是最大的支持和鼓励。

但不是人人都能成为朋友的。在人生旅途中，我们会遇到很多人，但真正能成为知交好友的却寥寥无几。在顺境中出现，却在逆境中消失的所谓“朋友”，不能称之为“朋友”。

所谓，**友贵精不贵多，一个知己胜过一百个狐朋狗友。**

知己好友的标准是什么？

见有过失，辄相谏晓，即当面指出你的过失的人。

真正的朋友，发现你犯了错误，他会立即提醒你，并告知你正确的做法。所以，你要断掉那些无事虚假奉承、遇事后躲闪的朋友，亲近那些提醒你并指引你的朋友。

老王有一群朋友，他经常和这群人厮混在一起，吃喝玩乐，好不痛快。每次喝酒时，他都会说：“人生难得一知己！来，干一杯，哥们儿。”尽管每次出去玩都是他付钱，但他很开心，因为这群人在每次他说完后，都会奉承“王哥最有义气”“王哥最爷们，顶你”“老王，我们比桃园三结义都要亲”之类的话。老王被哄得心花怒放，把这群人视为知己好友。

老王有一个嗜好，酷爱饮酒。每顿饭必有酒有菜，一顿不喝就难受。那些朋友知道他这一陋习，并不劝他，反而每次都跑去他家蹭吃蹭喝。长此以往，这惹得老王妻子和孩子们很不开心。老王却劝他们说："这是我的朋友，看得起我，才会来咱们家喝酒，要好好款待才是。"

老王有一个发小，长大后读书去了省城，只有春节才会回家来。两个人一年聚一次。每次发小看到他，都劝阻他少喝酒。老王说："我把你当朋友，你却把我当外人。不然，怎么都不陪我干杯哩。"

"你不能这样喝下去，会把肝喝坏的。"发小苦口婆心。老王却很不高兴，以为他瞧不起自己。

多年后，老王患上了酒精肝，昏迷住院。等他苏醒过来发现，只有发小来看望自己，其他那些酒友都怕老王妻子找他们借钱治病，一个个都躲得远远的。老王这才明白，原来自己真正的朋友只有一个。从那以后，他戒了酒，也远离了那群酒友。

见有好事，心生随喜，即真心祝福你的人。

真正的朋友，是会开心着你的开心，快乐着你的快乐的。所以你要远离那些幸灾乐祸、嫉妒阴暗的朋友，亲近那些真心祝福你盼你好的朋友。

小景是大二的学生，有三个舍友，分别是小武、小林和小赵。小景学习很刻苦，每次考试几乎都拿满分。而且他为人热情，乐于助人，所以他经常得到系里的奖励。

拿到奖状和奖学金时，小景总会邀请舍友们下饭店。小武每次都很为他高兴，不但真诚地祝贺他，还帮他提建议，奖学金可以做什么用最有意义。但小林和小赵却不然。他们也会赴约，却总是阴阳怪气，一边吃着饭，一边酸溜溜地说："哎，小景，你这是走了什么道，教给我们一下呗。让我们下次也拿一个奖学金乐乐。"

小景气得涨红了脸，他据理力争道："这可是学校奖励我的，我清清白白，哪里走什么后门？"

小林和小赵却对他的话充耳不闻，只是一味地挤对他。后来，小林因嫉妒竟然去学院举报小景，说他的奖状和奖学金都名不副实。这事儿传到小景耳朵里，他恍然明白，自己拿别人当朋友，别人可没有把自己当朋友。

朋友不一定要很多，但一定要是真心的。就像清初散文家魏禧说的："交友者，识人不可不真，疑心不可不去，小嫌不可不略。"

▶ 活出松弛感

朋友贵精不贵多，是交友中的原则。只有珍惜那些真正的、内心深处的朋友，我们才能够获得真正的快乐和幸福。那么，怎样甄别虚情假意的朋友？

（1）观察他们的言行举止。虚情假意的人通常表现出不真诚的言行举止，他们可能会说一些让你感到舒服的话，但经常会做一些让你感到不舒服的事情。

（2）检查他们的行动。在需要帮助时，虚情假意的人通常会躲避责任，或者只是提供一些表面上的帮助，而不是真正的帮助。

（3）注意他们的态度。虚情假意的人往往会表现出冷漠、傲慢或不真诚的态度，他们不会关心你的感受，也不会真正地关心你。

一个人能飞多高，并非由人的其他因素，而是由他自己的心态所制约。

——拿破仑·希尔

把时间分给靠谱的人

如何合理利用时间，是现代人不得不面对的问题。然而，我们经常会遇到一些不靠谱的人，他们的存在让我们浪费时间，耗费精力，甚至会给我们带来一些不必要的麻烦，让我们陷入无尽的烦恼和困境中。因此，我们要时刻提醒自己：不要为不靠谱的人浪费时间！

不靠谱的人，就像一只惹人厌烦的蚊虫，不停地在身边嗡嗡叫。他们总是给我们带来麻烦和不确定性，他们嘴上说得漂亮，却从来不会兑现承诺，因此总让我们失去许多宝贵的时光。

妍妍嫁给了一个貌似靠谱的男人，但是婚后却发现丈夫言而无信，经常说好的事情却不兑现。比如，他答应帮忙做家务，但每次都推脱；答应陪妍妍逛街，却总是有事情耽误；说好给妍妍买礼物，却总是忘记。

妍妍曾试图改变他，但没有成功。最后她意识到，丈夫是个不靠谱的人。失望的妍妍暗暗发誓：不要为不靠谱的人浪费时间。她不再对丈夫抱有期望，而是将生活重心放在自己身上。

时间一晃两年过去了，妍妍已经习惯了一个人的生活，她不再期待丈夫兑现承诺，也不再为他的言而无信而生气。她开始关注自己的兴趣爱好，和朋友一起旅行、打牌、看电影，她的生活变得充实而有趣，不再只是为了丈夫而存在。

然而，丈夫却并不满意妍妍的变化，他开始抱怨妍妍不再像过去那样依赖他、仰慕他。他觉得自己的地位受到了威胁，于是对妍妍的一举一动百般挑剔。最终，忍无可忍的妍妍提出了离婚。

离婚后的妍妍发现，自己其实有很多的选择和机会。她开始学习新技能，认识新朋友，开启新的人生篇章。她觉得自己变得更加独立自主，也更加自信和坚强。认识她的所有人都坚信，妍妍的未来会更好。

生命是短暂的，浪费时间就意味着浪费生命。我们应该尽可能地珍惜每一天，让每分每秒都过得充实而有意义。为此，我们必须拒绝那些不靠谱的人，让自己的时间更加有价值。

我们都明白一个道理：选择一件物品，首先要看它于我们有没有用。这个道理用在人际关系上也同样可行。当我们选择一个人在我们生命中出现和长期存在时，衡量的一个重要标准也是：

看他对于我们的生命有什么价值和意义。如果该人不但毫无价值，还消耗我们的时间和生命，那我们就要断掉和这个人的联系，并把他请出我们的生命。

一个小伙子在一家小公司工作。老板本来答应每个月按时发放工资，但最近一年却一直拖欠工资。小伙子催促老板，老板却总是推脱，说公司的资金状况不好，需要等待。

迟迟拿不到钱，小伙子十分焦虑，拖欠的工资让他无法支付生活费用，自己都快要活不下去了，更何况他还要赡养乡下的父母。

无奈之下，小伙子只好寻求法律援助。

经过一番调查，小伙子发现，公司的资金状况并不像老板所说的那样糟糕，事实上，老板一直在挪用公司资金进行个人投资。摊上这样不靠谱的老板，小伙子直呼“倒霉”。他有心拉黑老板，但无钱生存的窘境，又逼得他不得不和不靠谱的老板继续纠缠。

在援助律师的帮助下，小伙子向法院提起了诉讼，他提供了充分的证据，证明了老板的不诚信行为，并要求追回拖欠的工资。法院最终判决老板支付拖欠的工资和赔偿金，小伙子终于拿到了自己应得的薪水和赔偿金。

小伙子遇到了不靠谱的人，被坑得几乎流浪街头。好在他及时止损，不但远离了不靠谱的人，还用法律武器维护了自己的权利。

拒绝不靠谱的人并非易事，对于那些违背我们底线和原则的人或事，要果断说“不”。不要担心拒绝会给对方带来不愉快或影响自己的形象，只要我们的拒绝是基于真实和合理的考虑，就应该坚定地表达出来，让对方明白我们的态度和立场。

▶ 活出松弛感

日常工作和生活中，哪些人、哪些事值得我们花时间去维护？

（1）有价值的人。与那些有知识、有经验、有才华、有正能量的人交往，可以获得启发、学习和成长。

（2）有价值的事。投入时间和精力去做那些对自己和他人有益的事情，例如学习新技能、参加志愿活动、锻炼身体等。

（3）重要的事。不要浪费时间在琐碎的事情上，而是要关注那些对自己和他人有重要意义的事情，例如家庭、朋友、事业等。

（4）兴趣爱好。花时间去追求自己的兴趣爱好，可以让自己感到快乐、放松和满足。

（5）休息和放松。适当的休息和放松可以让身心得到恢复和充电，更好地应对接下来的挑战。

这个世界上没有任何人能够改变你，只有你能改变自己；也没有任何人能够打败你，只有你能打败自己。

——拿破仑·希尔

如何缩小朋友圈

这个世界上没有任何人能够改变你，只有你能改变自己；也没有任何人能够打败你，只有你能打败自己。换而言之，你所有的行为，其实都是为你的心态服务。当你决定缩小朋友圈时，你要看一下，你的什么心态让你做出并加深这一行为。

在微信“朋友圈”里，我们不仅会看到朋友们的生活，也会看到一些不必要的信息。有时候，我们可能会因为一些无关紧要的事情而心情烦躁，或者被一些不良信息所影响。

小芳是一个性格比较敏感的女生，她经常会关注好友们的朋友圈内容，对朋友圈上共同好友的评论和点赞也有所关注。

一天，她看到室友发的一张照片，照片上是她们寝室其他三个人在一起聚餐的照片。照片下方的评论中，有一个共同好友说："你们寝室聚餐，怎么没叫小芳一起？"

看到这条评论后，本来无所谓的小芳，突然心生不安。她开始担心其他三位舍友是不是已经背着她建立起新的小团体？自己是否被排除在外？自己是否有什么不好的地方让她们不愿意邀请自己参加聚餐？诸如此类的问题，接二连三地在脑海里翻腾，她开始回想自己和寝室其他人的相处情况，仿佛拿着一个放大镜找出自己的瑕疵。

内耗了许多天后，小芳依然无果，但这些疑问折磨得她寝食难安，遂决定跟舍友们摊牌直接问清楚，是否有什么误会或不满，以便及时解决。结果，舍友们告诉小芳，那次聚餐是临时决定的，没来得及通知她。

通过直接沟通，小芳解除了心中的疑虑，也加深了与舍友们之间的友谊。但在事情挑明前的那些天中，小芳却耗费了许多精神，就连上课都听不进去了。

微信"朋友圈"功能，只是你的社交朋友圈的一个小小的缩影，尚且让人如此劳心伤神，可想而知，更大的社交朋友圈，会带来多少麻烦。

被誉为"降落人间的天使"的奥黛丽·赫本，深受影迷的喜欢，几乎整个欧美的影视圈明星都是她的朋友，除此之外，她是世界联合儿童慈善基金会的形象大使，可想而知，她的朋友圈有多大，大到常人无法想象。

赫本是一个专注个人生活和内心世界的人，即使朋友圈如此庞大，但她却巧妙地将它缩小到瑞士乡村那幢和平之邸里去了。平日里，她都在这套小别墅里安度时光，既不看外面的八卦，更不参与其中讨论，只是每天去街头买买菜，在花园里散散步，安静地过自己的小日子。

只有在拍戏的时候，赫本才会乘坐飞机来到好莱坞——这个世界上最吸引影视从业人员关注的地方。但她也绝不多言多语，拍摄工作一结束，她就马上回家。

赫本把朋友圈缩小到极致，换来的是她和家人平静安逸的生活。她的两个孩子从未受到娱乐圈曝光的困扰，童年充满了快乐。

缩小朋友圈，不是孤立自己，而是减少不必要的社交。

小苑是一个很善良的男生，他不好意思拒绝别人的请求。有一天，一个多年不联系的朋友给他打来电话。小苑认为，朋友满天下是好事，于是真诚和他联系。谁知几天后，那位朋友便张口向他借钱。小苑虽然心里不太乐意，但他认为社交就是这样子，朋友间应该相互帮助，否则就是在自我孤立，于是答应下来。

他本身没有积蓄，手里只有半年的生活费，便支出来一大部分给了这个朋友。然而，三个月过去了，这个朋友还没有还钱，小苑开始感到焦虑和不安，再不还钱，他就要饿肚子了。但是，直到手里剩余的生活费全部花光，朋友依然没有还款。小苑不得不找他要债，却被对方一句轻飘飘的“没钱”打发了。

无奈之下，小苑只好找其他同学借钱度过接下来的三个月。接下来的一年里，他一直节衣缩食，用省出来钱还同学。

如果小苑能够缩小自己的朋友圈，减少不必要的社交，或许他就不会陷入这样的困境了。他可以选择和那些真正值得信任的人保持联系，而不是轻易地相信每一个人。

▶ 活出松弛感

朋友圈太大的话，你会发现，很多时候，不是我们选择社交，而是社交选择我们，占据我们的时间和精力，却又不能为我们的生命提供一点价值。那么，如何避免无效社交呢？

（1）定义自己的社交圈。明确自己需要的社交类型和关系，然后根据这些需求选择自己的社交对象。

（2）筛选朋友。对自己的社交对象进行筛选，保留那些真正与自己有交集、有共同兴趣的人，减少那些无关痛痒、无意义的社交。

（3）设定社交目标。明确想要达到的目的，然后选择合适的社交方式和社交对象，以达到目标。

（4）限制社交时间。在社交中控制自己的时间和精力，不要花费过多的时间和精力在无意义的社交上。

接触消极心态者，就像接触原子辐射，如果原子辐射小，时间短，你还能活，但持续辐射就会要命了。

——拿破仑·希尔

不做别人的情绪垃圾桶

一对母女在逛街。

几个店走下来，就听母亲不停地唠叨。

“这家店的衣服太肥”“那家店的款式太落后”“那个女模特的衣服搭配得好难看啊”“哎，那家服务员态度真差，我要忍不住爆粗口了”……

整条街，从头到尾，都留下了那位母亲的埋怨。

最后，女儿忍无可忍，说：“我做了这半天的情绪垃圾桶，太累了。您老人家歇歇吧。”

母亲一怔，恼道：“我是在抱怨吗？我分明是在指出他们的问题。”

“不，你今天出门时情绪就很消极，所以看什么都不顺眼。要知道，这几家店可是你以前最爱逛的店啊。”女儿说着，见母亲脸有愠色，又调侃一句，“著名的成功学家说了，好运在每一个人的生活中都是存在的，然而，以消极的心态对待生活的人却会阻止佳运造福于他。你这样子不停地抱怨，我们的好运都没有啦。”

母亲听到这句话，终于闭了嘴。女儿也成功地摆脱了做“情绪垃圾桶”的“悲惨命运”。

我们每天睁眼就要面对各种各样的人，朋友、同事、家人等。不同的人有不同的性格和情绪，与之相处，不得不成为对方的情绪宣泄对象。这些情绪有愉快的，有烦躁的，有悲伤的，有愤怒的……接受这些情绪的我们，会变得不自在和疲惫。

要明白，我们每个人都是肉体凡胎，承担太多负面情绪会垮掉，所以，不要把情绪宣泄给他人，更不要成为别人的情绪垃圾桶。

小刘和大薛是大学同学，两人关系不错。但是，大薛有一个毛病，她经常向小刘抱怨自己的工作和生活。

最近，大薛因为父母给弟弟买车的事情情绪崩溃，她在微信上对着小刘好一顿抱怨，小刘试着给大薛一些建议和安慰，但是大薛却并不听，到最后甚至演变成对她弟弟的谩骂和诋毁。小刘忍无可忍，只好将大薛拉黑绝交了。

大薛的行为，是在将自己的负面情绪转嫁给别人，而小刘则成为了她的情绪垃圾桶。小刘最后选择了绝交，其实也是一种自我保护的方式。

每个人都有自己的生活和问题，我们要尊重他们的生活模式，不要试图代替他们做出决定。我们可以给予他们建议和支持，但是最终的决定和行动还是要由他们自己来完成。要时刻记住，尊重他人命运，放下助人情节，避免自我感动。

当我们遇到他人倾诉情绪时，给予他们充分的倾听，理解和安慰，让他们感受到我们的支持和关注，这是无可厚非的。

同时，我们也需要尊重他们的感受和意见，不要轻易地去否定或批评他们的想法和行为。

另外，我们要学会保护自己。当别人的情绪负担过重，我们无法负荷时，要及时采取措施保护自己。可以选择暂时离开或转移话题，让自己的情绪得到调节和平衡。倘若对方一而再再而三地发泄情绪，影响到了我们自己的情绪，我们就要拒绝。可以委婉地告诉对方，我们也有自己的生活和烦恼，希望对方能够理解。

不做别人的情绪垃圾桶，并不意味着我们有情绪就不给他人倾诉。我们需要学会倾诉自己的情绪。当我们遇到困难和烦恼时，可以选择向朋友或者家人倾诉自己的情绪。

这样不仅能够缓解自己的情绪，还能够得到对方的理解和支持。同时，我们也要注意适可而止，不要一味把自己的情绪倾泻到别人身上，这样只会让对方感到不舒服。

▶ 活出松弛感

在生活中，我们总是会遇到各种各样的人，有的人情绪稳定，有的人情绪波动较大。当我们遇到情绪波动较大的人时，很容易成为对方的情绪垃圾桶，让自己感到疲惫和不舒服。怎样避免成为别人的情绪垃圾桶？

（1）保持自己的情绪稳定。首先要学会控制自己的情绪，保持心态平衡，不要让别人的情绪影响到自己。

（2）立场明确。在和别人交流时，要明确自己的立场和态度，不要让别人觉得自己是一个可以随便倾诉的诉苦对象。

（3）适当拒绝。当别人过多地向你倾诉情感时，可以适当地拒绝，让对方知道你的时间和精力也是有限的。

（4）界限明确。在与别人交流时，要明确自己的界限，不要让别人把你当成情绪垃圾桶，这样会让你感到疲惫和无助。

不要躲起来，使自己变得更懦弱。

——拿破仑·希尔

话不投机，那就少说两句

古时候有一位得道高僧，去红尘间寻找有慧根的权贵，以说服他来助自己弘扬佛法。

听说梁朝皇帝梁武帝有佛性，高僧便来到梁国的首都建康。很快，他就与梁武帝见面了。

梁武帝问："我每天安排人诵经，抄经书，还修建寺庙，供养僧侣，功德是不是很大？"

高僧说："你这只能算有形的福报。"

梁武帝不悦："那你说什么是大功德？"

高僧说："大功德俗人修不来，非出家人不行。"

梁武帝一听，黑了脸。他可是堂堂一国之君，明摆着就不可能出家，而现在僧人的意思，是说他这一辈子都不可能修炼成佛了，气恼的梁武帝当即把高僧驱赶了出去。

梁武帝和高僧之所以三句话没说完便谈崩了，是因为他们理念不一致。

我们一生中会遇到很多人，有的人会给我们带来快乐，有的人会给我们带来烦恼。无论是哪种人，我们都要学会和他们相处，因为人际关系是我们生活中不可或缺的一部分。

但人与人的观念差异太大，观点不同；还有的人固执己见，不听劝告；等等，无论是哪种情况，我们都要尽可能避免和这些人打交道。

王老师能力出众，见多识广。她兄弟姐妹众多，下一辈的孩子们自然也不少。作为家族中最优秀的人，王老师喜欢向小辈们分享经验。可是孩子们却不愿听她劝告，多数时候都是敷衍过去，甚至直接不予理睬。

王老师很无奈，她想，也许自己的话对这些孩子们来说太过于教条无趣，于是她开始尝试用孩子们喜欢的方式来引起他们的注意。

她和孩子们一起看电影，玩游戏，聊天，希望在互动中潜移默化地传递一些她的人生经验。

但孩子们还是不领情，他们觉得，王老师言辞老套，墨守成规，不够时尚。相比之下，他们更愿意听取网络上言辞激烈的网红们的建议和观点。

自己的努力都付诸流水，这让王老师很失望，她索性也不再劝他们，任由这些孩子撞南墙。她常常感叹说："看到你们撞南墙，我是真的心疼，如果你们听了我的话，明明可以不撞的。"

小朱和颖颖是一对大学情侣。小朱热爱运动，说话直言不讳。颖颖则更喜欢文艺和音乐，说话含蓄，话不多，但是每句话都很有深意。因为性格迥异，他们经常因为观点不一致而争吵。尽管每次都和解，但没有解决问题，两个人只是为了和好而和好。

有一次，小朱和颖颖一起去看电影，看完后，他们讨论电影的内容。

小朱："这电影很无聊，没有什么意义。"

颖颖说："可我觉得电影很有深意，表达了很多观点哎。"

小朱当即反驳："你这个人就是太过于看重花里胡哨的内涵，事实上，深层次的东西这部电影里没有，你也看不到。"

这下颖颖不乐意了，她反唇相讥："你什么都没看出来？"

他们争执了很长时间，最终还是没有达成共识。小朱生气地先行离开，颖颖则一个人留在电影院独自将这部电影又看了一遍。

这件事成为一个导火索，此后，两人争吵越发频繁，矛盾越来越深，最终他们分手了。

在与人交往中，我们要和同频的人多说话，那样的话，可以得到更多的启示和快乐。

和不同频的人争辩，我们只会浪费时间、精力和生命。有位名人说："惹祸的从来都不是耳朵，而是嘴巴。"话不投机，就少说两句。

▶ 活出松弛感

有时候，我们会遇到一些不愿意听我们说话的人，或者是一些心态不好的人，他们对我们的话并不感兴趣，甚至会反感。这时候，如果我们还是一直在说话，就会显得很烦人，甚至会引起对方的反感。因此，我们需要掌握好分寸，不要说太多的话，而是要抓住机会说对方感兴趣的话题，让对方愿意听我们说话。要怎样做，才能克制自己旺盛的分享欲呢？

（1）冷静下来。当你意识到自己有分享欲时，可以尝试停下来，深呼吸，冷静下来，考虑是否需要和对方分享这些信息。

（2）问问自己。在分享之前，问问自己这个信息是否对对方有用，是否对你们的关系有帮助，如果不是，你就不必分享。

（3）尝试保持沉默。有时候，保持沉默可能比分享更有力量。如果你不确定是否应该分享，可以试着保持沉默，观察和倾听别人的意见和想法。

（4）学会控制。尝试放慢自己的语速，把注意力放在对方身上，而不是自己的分享上。

第六章

活出松弛感，成为有力量的人

很多人说，希望自己能拥有松弛感。但真正的“松弛”，不是懒惰闲散，而是能够随遇而安；是日理万机，却能照顾好身体，要紧的事慢慢做；是心有向往，却从不苛求什么，允许一切发生；是越发优秀，却始终内心清晰，从不迷失于内卷。

当一个人恰如其分时，人生才能披荆斩棘。

我生活的每一方面，都一天天变得更好而又更好。

——拿破仑·希尔

放轻松，你可以不完美

健身房里，小李挥汗如雨。他每天都要拿出三小时运动，要么推举哑铃，要么做俯卧撑，要么在跑步机上奔跑，直到他累得精疲力尽时才停止。

妻子劝小李："停一停，休息休息吧。"

小李断然拒绝，他说："怎么能停下来呢，我这腹肌还不够紧实，如果停下来就功亏一篑了。"

他的言语中充满了焦虑。很显然，为了追求紧实的肌肉和完美的形体，小李的精神一直处于紧绷状态。他的生活除了工作，便是健身，再无其他乐趣可言。

妻子说："又不是要去做健美教练，允许你身材不完美的，无须这么焦虑。”

妻子苦口婆心，但小李根本听不进去，他依然每天下班就去健身房报到，无论是刮风下雨，还是身体不适，都不能阻止他健身的脚步。

终于，紧绷状态下的他出问题了。

这天，在训练仰卧哑铃推举时，小李突然感觉心跳加速，还未来得及求救就晕了过去，哑铃重重砸在他的胸口上。等健身房的教练们发现时，他已经没有了呼吸。

与其说小李的不幸源于过度健身，不如说他命丧于自己的焦虑。假如在妻子和他说“你可以不完美”时他就停止过度健身，悲剧可能不会发生。

在我们身边，有很多像小李这样一直处于紧绷状态的人。学生们焦虑自己的成绩，父母焦虑孩子的前途，女生焦虑自己的身材和容貌，小伙焦虑事业和财富，就连老人们都在焦虑健康。

社会被各种各样的紧张和焦虑充斥，又该去哪里寻找放松自己的净土呢?

向外求不可得，不妨向内求。告诉自己：放轻松，你可以不完美。学生成绩不一定要求百分百，女生不一定要肤白貌美，小伙不一定要家产万贯。

很多电视剧里的男女主角都是高富帅、白富美，但那只是虚假的、虚幻的，真相是，高的不一定富，富的不一定帅，白的不一定美。

有一位酷爱摄影的男子，拍摄的远景照片，无论是构图，还是角度，和其他人相比，总是有些差距，为此他没少受其他摄影爱好者的嘲讽。后来他发现，原来自己有轻微的近视和散光。刚开始发现这个问题时，他颇受打击，因为这意味着他无法拍出完美的远景图来，他也无法成为自己梦想的摄影师。

更有好事者，每当他拿起相机拍摄时，就会调侃说："看吧，这个做白日梦的家伙又来了。如果他拍的照片能拿奖，猪都能上树。"

这恶意满满的调侃，让男子心里非常难受，他甚至产生了放下摄影机的念头。但他太喜欢摄影了，强烈的爱好让他无法放弃。

后来，他接纳了"远视力不佳"这一事实，把镜头投向自己看得很清楚的近处。他专注于拍摄近处的风景，由于独特的架构和角度，他拍摄的细节图格外美丽，拿了不少摄影大奖。他也因此一跃成为摄影大师。

一旦接纳了自己的不完美，你的紧绷情绪就会自然而然地放松。适度的放松，能让你心底萌生自信。毕淑敏说："这个世界，我很重要。"只要把这个信念根植于心间，内心自然就会迸发力量。俗话说：力量源于自信，便是这个道理。

▶ 活出松弛感

如果你正被焦虑困扰，可以尝试这样做。

（1）做感兴趣的事情。比如，唱歌、画画、练书法、摄影，等等。全身心投入去做自己感兴趣的事情，就能忘记负面情绪。

（2）积极的自我暗示。对自己说一些激励的话，比如“我很好”“我是最重要的”，给自己强有力的自我暗示，能够增加自信，克服焦虑情绪。

（3）适量的运动。去户外运动，比如、爬山、徒步、跑步或游泳等，做这些运动有助于消除焦虑，放松心情，增加愉悦感。

（4）自我疏导。多和有积极心态的朋友交往。他们的心态会影响和改变你的心态。

心态是命运的控制塔。

——拿破仑·希尔

心无挂碍，处处自在

在半山腰，有一座寺庙，寺庙里住着一个老和尚和一个小和尚。因为寺庙远离村庄，庙小人稀，所以香火不旺。为了让徒弟见见世面，老和尚安排小和尚去百里外的大悲寺学习。

一个月后，小和尚回到庙里。一直开朗活泼的他不但未能有所长进，反而变得郁郁寡欢，活也不好好干，经也不好好念。

“徒弟，你这趟出去学到什么了？”老和尚问。

小和尚：“师父，明明您的修行比大悲寺的住持要高很多，为什么我们却住在这么破落的小庙里？”

老和尚：“你是想去大悲寺住吗？如果是，我可以和那里的住持打声招呼。”

小和尚回答："不，我想和师父住在一起。可是，师父，您的修行高，配得上香火旺盛的大寺庙。"

老和尚道："心有挂碍，即使身在大庙也不得自在。"

小和尚嘟囔："可是，那九重庙宇，住在里面真的是很舒服啊。唯一不好的地方就是游客太多，我无法专心诵经。"

老和尚闻言，微微一笑，道："你又想要繁盛，又嫌弃繁盛，当然不快乐了。心无挂碍，便无颠倒梦想，处处自在。"

小和尚恍然大悟，从此不再去想寺庙的大小和旺盛与否，只是专注于修习佛义。十年后，他也成了方圆百里的高僧。

世上最通透的活法，就是老和尚说的"心无挂碍"。不和别人较劲，也不和自己较劲。不和环境较劲，更不和老天较劲。允许别人做别人，允许自己做自己。

心态控制着我们的思维活动，从而左右我们的行为，所以人们常说：心态决定成败。内心没有障碍，没有了执着和负担，心情愉快平和，做起事情来自然事半功倍。

老陈最近很烦恼。

失业很久的他新找了一份工作，干了两个月。但他脾气倔，和主管关系很僵，所以干得不开心。

老陈每天下班后，都恨恨地嘟囔："这破工作真是太烦了，这主管是大傻子，我明天就辞职不干了，否则我得折寿好些年。”

然而，晚上回到家，听着老婆给他分享家用的琐事，他又不得不咽下辞职的念头，第二天打起精神继续去上班。

因为情绪压抑，没几天，老陈就瘦了一大圈。

同事见此情景，给他出主意：“既然不能辞职，那就好好和主管谈谈，好好沟通，都是为了工作，没有什么矛盾化解不了。”

老陈只是摇头，他说：“其实我知道，这不是主管的问题，是我自己心里不痛快。”

最怕的就是和自己较劲。正如有人说的：**“只要心里没有障碍，外界的困难总能克服，让自己获得想要的人生。但心里的障碍除不掉，这种状态下的人生就没有任何办法改变了。”**

▶ 活出松弛感

心里别扭，纠结烦恼，做什么事情都不顺当。所以要时时观照自己的内心，一旦有“别扭”的情绪升起，就要向它说“不”。可以这样做：

（1）跟自己和解。不要逃避，直面自己内心的矛盾，是错误就纠正；是短板就接纳。

（2）不自我攻击。不要总是盯着自己的缺点不放，更不要过度反省和自责，要善待自己。

（3）不过度解读。不要玻璃心，对他人的言行不做过度解读，不要太在意别人对自己的评价。

（4）积极正向沟通。和他人沟通时，要采取积极正向的态度和语言，不要阴阳怪气，更不要消极负面，那样只会让你更烦恼。

如果你不能做伟大的事情，那就以伟大的方式做小事。

——拿破仑·希尔

与其执于成功，不如选择快乐

一个男孩活泼机灵，他擅长动手能力，但不喜欢课堂学习，成绩一塌糊涂，这让他的父母头痛不已。

这天，被老师请去谈话的父亲，领着孩子从学校出来，路过一处汽车维修店，恰好有几名维修师傅正在修理汽车，因为要在汽车下钻进钻出，他们身上都是油污。

父亲趁机对儿子说道："你如果不好好学习，以后就会和他们一样。"

男孩不解地问："做他们不好吗？"

父亲回答："你看他们脏兮兮的，又苦又累。你要好好读书，将来坐在窗明几净的办公室办公，又体面，还能挣好多钱。"

“可是，爸爸，你看他们都好快乐啊。”男孩指着正开心工作地维修师傅们，对父亲说，“我以后也要做让我快乐的工作。”

父亲闻言，陷入了沉思。

到底是选择成功，还是选择快乐？这是一道选择题。

有人说：“成功才会快乐。”事实上，这是一个悖论。只有极少数人能攀到行业金字塔尖，但这世上快乐的人却有无数，显然，快乐并不以“成功”为基础。

很多人和那位父亲一样，把高官厚禄、权贵名势列为人生追求的目标，于是执着于成功。然而，能力有高低，职业无贵贱。

职业无贵贱，并不是说没有区别，职业有苦乐之分。别以为做基层工作和体力劳动是苦，做高官权贵和脑力劳动是乐，有时候这恰恰是颠倒的。

那些身居高位者，却顶着巨大压力，食不知味夜不能寐，能说他不苦吗？每天按部就班地工作，周末还可以陪家人尽情玩耍，能说他不快乐吗？

人生一世，草木一秋。在这短暂的生命中，有能力、有魄力和有机缘去做大事，固然是好的，如果不能做大事，那就做好每件小事。

大事件是可遇不可求的，小事情却每天都在发生。顺利、妥贴而又快乐地去处理一件小事情是容易的，但每天都能顺利、妥贴而又快乐地去处理一件小事却是十分困难的。如果一辈子都无怨无悔地、谨慎小心地、愉悦欢快地去处理一件又一件小事，那大概要比做一件大事还要难。

大事能检验一个人的智慧、才能和品格，小事也能。如果每一件小事都做得漂亮、舒心，那也能得到极大的快乐和对自我的肯定。

就职业来说，企业的头儿，机关的领导要有人做，而扛枪站岗也要有人做。当农民就尽到做农民的职责，做工人、做商人，就尽到做工人、做商人的职责，这对国家、对社会的价值，与做头儿做领导各尽其责，是等量齐观的。

星云大师曾说："一个有用的人，即使是小事，也能做得轰轰烈烈；一个无用的人，大事交给他，最终必然偃旗息鼓。"

看似毫不起眼的小事，最能反映一个人的真实品性。凡在小事上精雕细琢的人，大事也能够胜任。

▶ 活出松弛感

怎样在小事中获得快乐？不妨试试下面这几招。

（1）寻找兴趣点。兴趣是快乐的源头，你要去尝试，找到自己的兴趣和爱好，并去提升这些兴趣和爱好。在这个过程中，你会得到快乐。

（2）提升能力。一个有能力的人，总是比一个无能的人更容易快乐，所以努力提升你的能力，让你在困难来临时可以从容应对。

（3）结交志同道合的朋友。有一群三观相同、志向一致的朋友，你遇到苦闷时可以倾诉，你会在倾诉过程中找到快乐。

世界会证明你的付出没有白费，
在未来的某一天，他会全部回报给你。
——拿破仑·希尔

直面缺点，是成长的开端

人最可怕的行为是什么？是逃避。

每个人都有缺点，或任性，或懦弱，或自卑。但真正敢直面这些缺点的人却很少，大多数人潜意识都会逃避。

有一位四十来岁女士，很怕听到吵架声。从十几岁开始，只要家里父母吵架，她便选择离家出走，有时一两天，有时十天半月。出走期间，她也不给父母留言，那个年代也没有手机，父母根本无从寻找，每次她离家出走，父母都要牵肠挂肚好久。

但父母永远都是无条件原谅孩子，所以每次她回到家，父母舍不得斥责她半句，更不会逼着她去直面自己的问题。无限制的宠溺导致这位女士结婚之后依然任性。她和丈夫一有矛盾就离家出走，回到家丈夫倘若和她沟通，她也说走就走。即使后来她为人母亲，依然我行我素。

孩子五个月时，她突然萌生去西藏旅行的想法。她连夜买了飞机票，第二天悄然无息地前往拉萨，把一个正吃奶的孩子留在家里。

女士在西藏游玩一个月后，心满意足地回到家。老公质问她为什么不打招呼就离开家里，女士见此情景，掉头又要离开。丈夫眼疾手快，一把拽住她。

“你要再说走就走，咱们就离婚。”丈夫甩出狠话。

女士挣脱不开，心急大嚷：“离就离，谁怕谁？”

一时间两个人剑拔弩张，婚姻眼看着就要解体，父母连忙出面将二人都拦下。

女士恼火地说：“我从小就这样，也没人说不对啊。”

她老公稳定了自己的情绪，道：“你换位思考一下，如果我也这么任性，说走就走，你受得了吗？”

女士闻言，沉默良久。她嘟囔道：“我就是不想和人吵架。”

因为不愿面对吵架这件事情，所以该女士一直选择逃避，长此以往，差点毁了一个幸福的家。

人非圣贤，孰能无过。只有那些敢于直面自己缺点的人，才能成长，成熟到有能力应对这个世间的各种困难。而那些不敢直面自己的缺点的人，一味地选择逃避，很难过好人生。

西方的神话里说："上帝造人时，送给人两个口袋，一个口袋装着别人的缺点，一个口袋装着自己的缺点。两个口袋一前一后挂在人的肩上，如果你把装着别人缺点的口袋放在胸前，那你就只能看到别人的缺点，而你就会变成一个挑剔的人。如果你把装着自己缺点的口袋放在胸前，那你看到的是自己的缺点，你会直面它，纠正它，你就会获得进步。"

稻盛和夫说："任何人都有缺点，人不应该否认自己的缺点，应该接受事实。这样，才能释然地向前迈进，逐步超越自我。"

▶ 活出松弛感

假如一个人的自尊心很强，不愿意直面自己的缺点，该怎么办呢？可以试着这样做：

（1）接纳自我。首先我们要做的就是接纳那个有缺点的自己，告诉自己："每个人都有缺点，我有缺点也很正常。"

（2）找出缺点存在的根源。任何问题都要从根本上解决，纠正自己的缺点也是如此，仔细观照自己，看看缺点因何而起，然后对症下手。比如，因肥胖引起的自卑，就减肥；因娇惯导致的刁蛮，就收敛；等等。

一个人成功与否，关键在于他的心态，我们的心态在很大程度上决定了我们人生的成败。

——拿破仑·希尔

允许一切发生，岁月自有馈赠

有一位母亲，对两个孩子的教育极为严格，画下很多红线，孩子只能在红线内成长，超过红线，她就马上喊“停”。比如，孩子喜欢玩耍，但她把课程时间排得满满当当，要求孩子除了吃饭和睡觉，所有时间都必须用来学习，一旦孩子敢放下课本玩耍，她就厉声斥责。

问她为什么这样做，这位母亲说：“孩子们要好好读书，将来才能考好大学，不能允许他们懈怠。”

她这样做的结果就是，孩子们看到她就像老鼠看到猫。孩子们说：“妈妈像一个铠甲战士，浑身坚硬无比，她的拳头落在谁身上，谁就痛苦。”

得知孩子们对自己的评价后，这位母亲哭笑不得。她说："我不允许你们做这做那，不都是为你们好吗？两个没良心的小家伙。"

苦恼的母亲和朋友吐槽这件家事，朋友说："花有花期，人有时运，怀爱有诚，静待来日。"

每个人都有他的人生，要经历各种各样的事情，他的生命才能丰盈。所以要允许一切发生，他才能充实快乐，否则心灵会孤寂到犹如身处荒漠。

和朋友交流后，这位母亲改变了对孩子的教育方法，她每天给孩子留出玩耍的时间，让他们尽情去释放自己。

大儿子喜欢滑板，每天都抽空去练习滑板，后来报名参加校运动会，竟拿到了滑板比赛的冠军。小女儿喜欢绘画，每天都花点时间练习画画，受到老师的大力表扬。

允许一切发生，岁月自有馈赠。倘若那位母亲依然我行我素，两个孩子的童年将是多么灰暗。

允许一切发生的人，都有一颗强大的内心。北宋大文学家苏轼一生起起伏伏，充满悲欢。从京都到海南，从炎热到酷寒，他都经历过。他曾在王宫夜宿，陪伴天子左右，也曾在闹市喝酒，与莽汉为伍。苏轼在收到贬谪到海南的诏书时，也曾心如死灰，可他转念一想，这将是一个传道的机会。海南未曾开化，他可以把儒家的理念带过去，让当地人学文化，学知识。贬谪之旅，就这样变成了传道之路。苏轼在海南的草屋中抄书、教书，很多人慕名前往，使得儒家文化在海南渐渐兴盛起来。苏轼去世之后，海南出了第一位进士。这片与世隔绝的偏远之地，终于不再荒芜。

失之东隅，收之桑榆。人的一生中所遭遇的困境和不解，在当下或许是难以接受的。但在过后某一时刻会突然觉得，这一切都是最好的安排。

人间多少事，终不能如人所愿。对于命运来讲，每个人的一生都是随机的。真正的强者，会去拥抱这份随机，接纳好的，更接纳坏的。与命运和解，才能照见属于自己的光彩世界。

▶ 活出松弛感

允许一切发生的人，内心都强大。内心强大的人，也允许一切发生。怎样成为一个内心强大的人呢？可以试着用以下方法去训练。

（1）杜绝内耗。遇到事情时，不要胡思乱想，反复纠结没有用，大胆行动，去做该做的事情，就好像给土路铺砖面，一块砖一块砖地往前铺，路面自然就会铺完，一步一步地做事，事情自然就会做好。

（2）减少期待。期待越高，压力就越大，而压力越大，又越容易失败，这是一个恶性循环，所以任何事情都要减少期待，以平常心去对待结果。

（3）坚定自我。自己的命运自己主宰，所以要坚定自我。自信的人，往往会迸发出不可估计的力量，做事更能事半功倍。

（4）目标明确。一个内心强大的人，做任何事情目标都很明确。因为只有目标明确了，才有努力的方向和动力。